PowerPoint 2013
从入门到精通

龙马高新教育 编著

人民邮电出版社

北京

图书在版编目（CIP）数据

PowerPoint 2013从入门到精通 / 龙马高新教育编著
. -- 北京：人民邮电出版社，2017.8
ISBN 978-7-115-46137-7

Ⅰ．①P… Ⅱ．①龙… Ⅲ．①图形软件 Ⅳ.
①TP391.412

中国版本图书馆CIP数据核字(2017)第149490号

内 容 提 要

本书以案例教学的方式为读者系统地介绍了 PowerPoint 2013 的相关知识和应用技巧。

全书共 15 章。第 1 章主要介绍 PowerPoint 2013 的基本操作；第 2～4 章主要介绍使用图片、图表及动画制作 PPT 的方法；第 5～7 章主要介绍多媒体元素、超链接、动作及切换效果的使用方法；第 8～10 章主要介绍 PPT 的播放、打印以及模板与母版的使用方法等；第 11～13 章主要介绍 PPT 在工作中的实战案例，包括实用型 PPT、报告型 PPT 及展示型 PPT 等；第 14～15 章主要介绍 Office 2013 的协作与保护以及使用手机移动办公等。

本书附赠的 DVD 多媒体教学光盘中，包含了与图书内容同步的教学录像及案例的配套素材和结果文件。此外，还赠送了大量相关学习内容的教学录像及扩展学习电子书等。

本书不仅适合 PowerPoint 2013 的初、中级用户学习使用，也可以作为各类院校相关专业学生和计算机培训班学员的教材或辅导用书。

◆ 编　著　龙马高新教育
　　责任编辑　张　翼
　　责任印制　彭志环

◆ 人民邮电出版社出版发行　　北京市丰台区成寿寺路 11 号
　　邮编　100164　电子邮件　315@ptpress.com.cn
　　网址　http://www.ptpress.com.cn
　　北京缤索印刷有限公司印刷

◆ 开本：700×1000　1/16
　　印张：20　　　　　　　　　　　　　　　
　　字数：404 千字　　　　　　　　2017 年 8 月第 1 版
　　印数：1 – 2 500 册　　　　　　2017 年 8 月北京第 1 次印刷

定价：59.80 元（附光盘）

读者服务热线：**(010)81055410**　印装质量热线：**(010)81055316**
反盗版热线：**(010)81055315**
广告经营许可证：京东工商广登字 20170147 号

Preface

前言

在信息科技飞速发展的今天，计算机已经走入了人们工作、学习和日常生活的各个领域，而计算机的操作水平也成为衡量一个人综合素质的重要标准之一。为满足广大读者的学习需求，我们针对当前计算机应用的特点，组织多位计算机专家、国家重点学科教授及计算机培训教师，精心编写了这套"从入门到精通"系列图书。

写作特色

从零开始，快速上手

无论读者是否接触过 PowerPoint 2013，都能从本书获益，快速掌握软件操作方法。

面向实际，精选案例

全部内容均以真实案例为主线，在此基础上适当扩展知识点，真正实现学以致用。

全彩展示，一步一图

本书通过全彩排版，有效突出了重点、难点。所有实例的每一步操作，均配有对应的插图和注释，以便读者在学习过程中能够直观、清晰地看到操作过程和效果，提高学习效率。

单双混排，超大容量

本书采用单、双栏混排的形式，大大扩充了信息容量，在有限的篇幅中为读者奉送了更多的知识和实战案例。

高手支招，举一反三

本书在每章的最后有两个特色栏目。其中，"高手私房菜"提炼了各种高级操作技巧，而"举一反三"则为知识点的扩展应用提供了思路。

书盘结合，互动教学

本书配套的多媒体教学光盘内容与书中知识紧密结合并互相补充。在多媒体光盘中，我们模拟工作、生活中的真实场景，通过视频教学帮助读者体验实际应用环境，从而全面理解知识点的运用方法。

光盘特点

12 小时全程同步教学录像

光盘涵盖本书所有知识点的同步教学录像，详细讲解每个实战案例的操作过程及关键步骤，帮助读者更轻松地掌握书中所有的知识内容和操作技巧。

🔗 超值学习资源

除了与图书内容同步的教学录像外，光盘中还赠送了大量相关学习内容的教学录像、扩展学习电子书及本书所有案例的配套素材和结果文件等，以方便读者扩展学习。

◎ 配套光盘运行方法

（1）将光盘放入光驱后，系统会弹出【自动播放】对话框。

（2）单击【打开文件夹以查看文件】链接可以打开光盘文件夹，用鼠标右键单击光盘文件夹中的 MyBook.exe 文件，并在弹出的快捷菜单中选择【以管理员身份运行】菜单项，打开【用户账户控制】对话框，单击【是】按钮，光盘即可自动播放。

（3）光盘运行后会首先播放片头动画，之后进入光盘的主界面。其中包括【课堂再现】、【龙马高新教育 APP 下载】、【支持网站】3 个学习通道和【素材文件】、【结果文件】、【赠送资源】、【帮助文件】、【退出光盘】5 个功能按钮。

（4）单击【课堂再现】按钮，进入多媒体同步教学录像界面。在左侧的章号按钮上单击鼠标左键，在弹出的快捷菜单上单击要播放的节名，即可开始播放相应的教学录像。

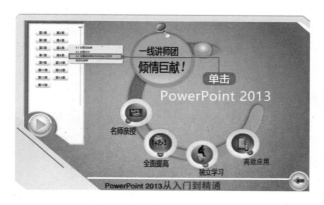

（5）单击【龙马高新教育 APP 下载】按钮，在打开的文件夹中包含龙马高新教育 APP 的安装程序，可以使用 360 手机助手、应用宝等将程序安装到手机中，也可以将安装程序传输到手机中进行安装。

（6）单击【支持网站】按钮，用户可以访问龙马高新教育的支持网站，在网站中进行交流学习。

（7）单击【素材文件】、【结果文件】、【赠送资源】按钮，可以查看对应的文件和学习资源。

（8）单击【帮助文件】按钮，可以打开"光盘使用说明 .pdf"文档，该说明文档详细介绍了光盘在电脑上的运行环境和运行方法。

（9）单击【退出光盘】按钮，即可退出本光盘系统。

二维码视频教程学习方法

为了方便读者学习，本书提供了大量视频教程的二维码。读者使用微信、QQ 的"扫一扫"功能扫描二维码，即可通过手机观看视频教程。

龙马高新教育 APP 使用说明

（1）下载、安装并打开龙马高新教育 APP，可以直接使用手机号码注册并登录。在【个人信息】界面，用户可以订阅图书类型、查看问题及添加的收藏、与好友交流、管理离线缓存、反馈意见并更新应用等。

（2）在首页界面单击顶部的【全部图书】按钮，在弹出的下拉列表中可查看订阅的图书类型，在上方搜索框中可以搜索图书。

（3）进入图书详细页面，单击要学习的内容即可播放视频。此外，还可以发表评论、收藏图书并离线下载视频文件等。

（4）首页底部包含 4 个栏目：在【图书】栏目中可以显示并选择图书，在【问同学】栏目中可以与同学讨论问题，在【问专家】栏目中可以向专家咨询，在【晒作品】栏目中可以分享自己的作品。

创作团队

本书由龙马高新教育编著。参与本书编写、资料整理、多媒体开发及程序调试的人员有孔万里、周奎奎、张任、张田田、尚梦娟、李彩红、尹宗都、王果、陈小杰、左琨、邓艳丽、崔姝怡、侯蕾、左花苹、刘锦源、普宁、王常吉、师鸣若、钟宏伟、陈川、刘子威、徐永俊、朱涛和张允等。

在本书的编写过程中，我们竭尽所能地将最好的内容呈现给读者，但书中也难免有疏漏和不妥之处，敬请广大读者不吝指正。读者在学习过程中有任何疑问或建议，可发送电子邮件至 zhangyi@ptpress.com.cn。

编者

Contents 目录

第 11 章 **将内容表现在 PPT 上——**
实用型 PPT 实战

本章视频教学时间 / 1 小时 37 分钟

第 12 章 **让别人快速明白你的意图**
——报告型 PPT 实战

本章视频教学时间 / 2 小时 25 分钟

💿 **DVD 光盘赠送资源**

赠送资源 1　Office 2013 软件安装教学录像

赠送资源 2　Windows 10 操作系统安装教学录像

赠送资源 3　7 小时 Windows 10 教学录像

赠送资源 4　Word/Excel/PPT2013 技巧手册

赠送资源 5　移动办公技巧手册

赠送资源 6　2000 个 Word 精选文档模板

赠送资源 7　1800 个 Excel 典型表格模板

赠送资源 8　1500 个 PPT 精美演示模板

赠送资源 9　Office 2013 快捷键查询手册

赠送资源 10　Excel 函数查询手册

赠送资源 11　电脑技巧查询手册

赠送资源 12　网络搜索与下载技巧手册

赠送资源 13　常用五笔编码查询手册

赠送资源 14　电脑维护与故障处理技巧查询手册

赠送资源 15　5 小时 Photoshop CC 教学录像

PowerPoint 2013 的基本操作 —— 制作大学生演讲与口才实用技巧 PPT

本章视频教学时间 / 25 分钟

🎧 重点导读

PowerPoint 2013 是微软公司推出的 Office 2013 办公系列软件的重要组成部分，主要用于幻灯片的制作。本章介绍的"大学生演讲与口才实用技巧 PPT"是较简单的幻灯片，主要涉及 PPT 制作的基本操作。

📖 学习效果图

1.1 PPT 制作的最佳流程

本节视频教学时间 / 2 分钟

PPT 的制作，不仅靠技术，而且靠创意和理念。以下是制作 PPT 的最佳流程，掌握了基本操作之后，依照这些流程进一步融合独特的想法和创意，可以让我们制作出令人惊叹的 PPT。

在纸上列出提纲	不要开电脑，不要查资料
将提纲写到 PPT 中	不要使用模板，每页列一个提纲
根据提纲添加内容	查阅资料并添加到 PPT 中，将重点内容标注出来
设计内容	能做成图的内容尽量以图的形式展示，无法做成图的文字内容可提炼出中心内容，并用大号字体和醒目的文字展示
选择合适的母版	根据 PPT 表现出的内涵选用不同的色彩搭配，如果觉得 Office 自带的母版不合适，可在母版视图中进行调整，如加背景图、LOGO、装饰图等，选择后根据需要调整标题、文本的位置
美化幻灯片	根据母版色调，将图片进行美化，如调整颜色、阴影、立体、线条，美化表格、突出文字等
动画和切换效果	为幻灯片添加动画和切换效果
放映	检查、修改

1.2 启动 PowerPoint 2013

本节视频教学时间 / 1 分钟

启动 PowerPoint 2013 软件之后，系统即可自动创建 PPT 演示文稿。一般来说可以通过【开始】菜单和桌面快捷方式两种方法启动 PowerPoint 2013 软件。

1 选择【PowerPoint 2013】选项

单击任务栏中的【开始】按钮，在弹出的【开始】菜单中，选择【所有应用】➢【Microsoft Office 2013】➢【PowerPoint 2013】选项。

2 新建演示文稿

即可启动 PowerPoint 2013，在打开的界面中单击【空白演示文稿】选项，即可新建空白演示文稿。

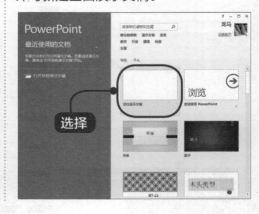

📢 提示

双击桌面上的 PowerPoint 2013 快捷图标，也可启动 PowerPoint 2013。

1.3 认识 PowerPoint 2013 的工作界面

本节视频教学时间 / 5 分钟

PowerPoint 2013 的工作界面由【文件】选项卡、快速访问工具栏、标题栏、功能区、【帮助】按钮、工作区、状态栏和视图栏等组成，如下图所示。

1.3.1 快速访问工具栏

快速访问工具栏位于 PowerPoint 2013 工作界面的左上角，由最常用的工具按钮组成，如【保存】按钮、【撤消】按钮和【恢复】按钮等。单击快速访问工具栏的按钮，可以快速实现其相应的功能。

单击快速访问工具栏右侧的下拉按钮，弹出【自定义快速访问工具栏】下拉菜单。单击【自定义快速访问工具栏】下拉菜单中的【新建】和【打开最近使用过的文件】之间的选项，可以添加或删除快速访问工具栏中的按钮。如单击【快速打印】选项，

15

可以添加【快速打印】按钮到快速访问工具栏中。再次单击下拉列表中的【快速打印】选项，则可删除快速访问工具栏中的【快速打印】按钮。

单击【自定义快速访问工具栏】下拉菜单中的【其他命令（M）】选项，弹出【PowerPoint 选项】对话框，通过该对话框也可以自定义快速访问工具栏。

单击【自定义快速访问工具栏】下拉菜单中的【在功能区下方显示（S）】选项，可以将快速访问工具栏显示在功能区的下方。再次单击【在功能区上方显示（S）】选项，则可以将快速访问工具栏恢复到功能区的上方显示。

1.3.2 标题栏

标题栏位于快速访问工具栏的右侧，主要用于显示正在使用的文档名称、程序名称及窗口控制按钮等。

在上图所示的标题栏中，"演示文稿 1"即为正在使用的文档名称，正在使用的程序名称是 Microsoft PowerPoint。当文档被重命名后，标题栏中显示的文档名称也随之改变。

位于标题栏右侧的窗口控制按钮包括【最小化】按钮、【最大化】按钮（或【向下还原】按钮）和【关闭】按钮。

1.3.3 【文件】选项卡

【文件】选项卡位于功能区选项卡的左侧，单击该按钮弹出下图所示的下拉菜单。

下拉菜单包括【信息】、【新建】、【打开】、【保存】、【另存为】、【打印】、【共享】、【导出】、【关闭】、【账户】和【选项】等命令。

1.3.4 功能区

在 PowerPoint 2013 中，PowerPoint 2003 及更早版本中的菜单栏和工具栏上的命令和其他菜单项已被功能区取代。功能区位于快速访问工具栏的下方，通过功能区可以快速找到完成某项任务所需要的命令。

功能区主要包括选项卡及各选项卡所包含的组，还有各组中所包含的命令。除了【文件】选项卡，主要还有【开始】、【插入】、【设计】、【切换】、【动画】、【幻灯片放映】、【审阅】、【视图】和【加载项】9 个选项卡。

1.3.5 工作区

PowerPoint 2013 的工作区包括位于左侧的【幻灯片】显示窗格、位于右侧的【幻灯片】编辑窗格和【备注】窗格。

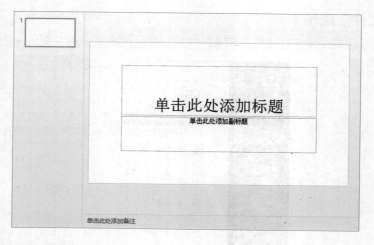

1.【幻灯片】显示窗格

在普通视图模式下，【幻灯片】显示窗格位于左侧，用于显示当前演示文稿的幻灯片数量及位置。

2.【幻灯片】编辑窗格

【幻灯片】编辑窗格位于 PowerPoint 2013 工作界面的中间，用于显示和编辑当前的幻灯片，我们可以直接在虚线边框标识占位符中键入文本或插入图片、图表和其他对象。

> **📢 提示**
>
> 占位符是一种带有虚线或阴影线边缘的框，绝大部分幻灯片版式中都有这种框，在这些框内可以放置标题及正文，或图表、表格和图片等对象。

3.【备注】窗格

【备注】窗格是在普通视图中显示的，用于键入关于当前幻灯片的备注，我们可以将这些备注打印为备注页。在将演示文稿保存为网页时也将显示备注。

1.3.6 状态栏和视图栏

状态栏和视图栏位于当前窗口的最下方，用于显示当前文档页、总页数、该幻灯片使用的主题、输入法状态、视图按钮组、显示比例和调节页面显示比例的控制杆等信息，其中，单击【视图】按钮可以在视图中进行相应的切换。

幻灯片 第 1 张，共 1 张　中文(中国)　　　≡ 备注　■ 批注　▣ ▦ ▨　▽ ─┼──── + 49% 🔲

在状态栏上单击鼠标右键，弹出【自定义状态栏】快捷菜单。通过该快捷菜单，可以设置状态栏中要显示的内容。

1.4 幻灯片的基本操作

本节视频教学时间 / 2 分钟

将演示文稿保存为"大学生演讲与口才实用技巧 PPT"后，就可以对幻灯片进行操作，如新建幻灯片、为幻灯片应用布局等。

1.4.1 新建幻灯片

创建的演示文稿中，默认只有一张幻灯片。我们可以根据需要，创建多张幻灯片。

1. 通过功能区的【开始】选项卡新建幻灯片

1 单击【新建幻灯片】按钮

单击【开始】选项卡，在【幻灯片】组中单击【新建幻灯片】按钮。

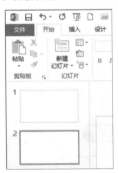

2 创建新幻灯片

系统即可自动创建一个新幻灯片。

2. 使用鼠标右键新建幻灯片

也可以使用单击右键的方法新建幻灯片。

1 选择【新建幻灯片】选项

在【幻灯片 / 大纲】窗格的【幻灯片】

选项卡下的缩略图上或空白位置单击鼠标右键，在弹出的快捷菜单中选择【新建幻灯片】选项。

2 创建新幻灯片页面

系统即自动创建一个新幻灯片页面。

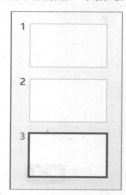

3. 使用组合键新建幻灯片

使用【Ctrl+M】组合键也可以快速创建新的幻灯片。

1.4.2 为幻灯片应用布局

在"大学生演讲与口才实用技巧PPT"演示文稿中，自动创建的单个幻灯片有两个占位符。新建的幻灯片不是需要的幻灯片格式时，就需要对其进行应用布局。

1 布局幻灯片

单击【开始】选项卡，在【幻灯片】组中单击【版式】按钮的下拉按钮，从弹出的下拉菜单中可以选择所要使用的Office主题，即可为幻灯片应用布局。

2 选择【版式】选项

在【幻灯片】窗格中的【幻灯片】选项卡下的缩略图上单击鼠标右键，在弹出的快捷菜单中选择【版式】选项，从其子菜单汇总选择要应用的新布局。

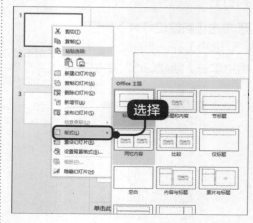

1.4.3 删除幻灯片

创建幻灯片之后，若并不需要多张幻灯片，可以直接按【Delete】键删除幻灯片页面。

在【幻灯片】窗格的【幻灯片】选项卡下，在第 3 张幻灯片的缩略图上单击鼠标右键；在弹出的菜单中选择【删除幻灯片】选项，幻灯片将被删除；在【幻灯片】窗格的【幻灯片】选项卡中也不再显示。此外，还可以通过【开始】选项卡的【剪贴板】组中的【剪贴】命令完成幻灯片的删除。

1.5 输入文本

本节视频教学时间 / 3 分钟

完成幻灯片页面的添加之后，就可以开始输入文本内容了。

1.5.1 输入首页幻灯片标题

在普通视图中，幻灯片会出现"单击此处添加标题"或"单击此处添加副标题"等提示文本框。这种文本框统称为"文本占位符"。在 PowerPoint 2013 中，可以在"文本占位符"中直接输入文本。

1 输入文本内容

在幻灯片页面中将鼠标光标放置在"单击此处添加标题"文本占位符内，即可直接输入文本内容。

② 添加副标题

将鼠标光标定位至"单击此处添加副标题"文本占位符内，然后输入文本内容"提纲"。

■【 提示

在【文本占位符】中输入文本是最基本、最方便的一种输入方式。

1.5.2 在文本框中输入文本

幻灯片中【文本占位符】的位置是固定的，如果想在幻灯片的其他位置输入文本，可以通过绘制一个新的文本框来实现。在插入和设置文本框后，就可以在文本框中进行文本的输入了。

① 选中文本占位符

选择第 2 张幻灯片，然后选中文本占位符后，单击【Delete】键将其删除。

■【 提示

如果一张幻灯片中有多个文本占位符，可以按住【Shift】键的同时选择多个占位符。

② 创建一个文本框

单击【插入】选项卡中的【文本】选项组中的【文本框】按钮，在弹出的下拉菜单中选择【横排文本框】选项，然后将光标移至幻灯片中，当光标变为向下的箭头时，按住鼠标左键并拖动，

即可创建一个文本框。

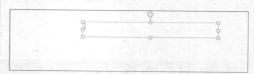

③ 输入文本内容

单击文本框直接输入文本内容，这里输入"演讲大纲"4 个字。

④ 效果图

再次插入横排文本框，然后输入文本内容，输入后效果如图所示。

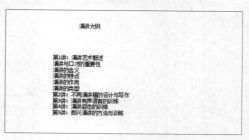

1.6 文字设置

本节视频教学时间 / 5 分钟

对文字进行字号、大小和颜色的设置，可以让幻灯片的内容层次有别，而且更醒目。

1.6.1 字体设置

在"演讲提纲"标题幻灯片中我们可以通过多种方法完成字体的设置操作。

1 单击【确定】按钮

选择"演讲大纲"4 个字，然后单击鼠标右键，在弹出的快捷菜单中选择【字体】菜单命令，弹出【字体】对话框。设置中文字体类型为"微软雅黑"，字号为"40"，字体样式为"加粗"，设置后单击【确定】按钮。

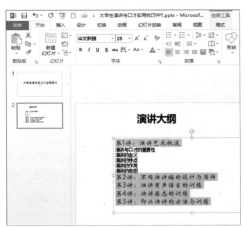

3 设置字号

选择其他文本后，在弹出的快捷菜单中设置文本字体为"幼圆"，字号大小为"18"。

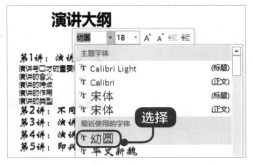

2 设置字体

选择要设置同样字体的文本后，单击【字体】选项组中【字体】右侧的下拉按钮，在弹出的列表中选择一种字体，如"华文新魏"，字号为"28"。

4 设置字体样式

设置字体样式后，即可查看幻灯片效果。

演讲大纲

第1讲：演讲艺术概述
演讲与口才的重要性
演讲的含义
演讲的特点
演讲的作用
演讲的类型
第2讲：不同演讲稿的设计与写作
第3讲：演讲有声语言的训练
第4讲：演讲姿态的训练
第5讲：即兴演讲的方法与训练

演讲大纲

第1讲：演讲艺术概述
演讲与口才的重要性
演讲的含义
演讲的特点
演讲的作用
演讲的类型
第2讲：不同演讲稿的设计与写作
第3讲：演讲有声语言的训练
第4讲：演讲姿态的训练
第5讲：即兴演讲的方法与训练

6 效果图

使用同样的方法，设置第 1 张幻灯片页面中的字体，效果如下图所示。

大学生演讲与口才实用技巧

提纲

5 调整文本框

选择绘制的文本框，将鼠标光标放置在文本框上，即可调整文本框的位置，调整后的效果如下图所示。

1.6.2 颜色设置

PowerPoint 2013 默认的文字颜色为黑色。我们可以根据需要将文本设置为其他各种颜色。如果需要设定字体的颜色，可以先选中文本，单击【字体颜色】按钮，在弹出的下拉菜单中选择所需要的颜色。

1. 颜色

【字体颜色】下拉列表中包括【主题颜色】、【标准色】和【其他颜色】3 个区域的选项。

单击【主题颜色】和【标准色】区域的颜色块可以直接选择所需要的颜色。单击【其他颜色】选项，弹出【颜色】对话框。该对话框包括【标准】和【自定义】两个选项卡。在【标准】选项卡下可以直接单击颜色球指定颜色。

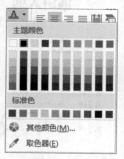
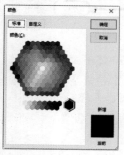

单击【自定义】选项卡，既可以在【颜色】区域指定要使用的颜色，也可以在【红色】、【绿色】和【蓝色】文本框中直接输入精确的数值指定颜色。其中，【颜色模

式】下拉列表中包括【RGB】和【HSL】两个选项。

📢 提示

RGB 色彩模式和 HSL 色彩模式都是工业界的颜色标准，也是目前运用最广的颜色系统。RGB 色彩模式是通过对红（R）、绿（G）、蓝（B）3 个颜色通道的变化及它们相互之间的叠加来得到各种各样的颜色的，RGB 代表红、绿、蓝 3 个通道的颜色；HSL 色彩模式是通过对色调（H）、饱和度（S）、亮度（L）3 个颜色通道的变化及它们相互之间的叠加来得到各种各样的颜色的，HSL 代表色调、饱和度、亮度 3 个通道的颜色。

2. 设置字体颜色

设置字体颜色的方法也很多，与字体设置相似。

1 设置文本颜色

切换到第 1 张幻灯片后，选择标题文字后单击【字体】选项组中的【字体颜色】按钮，在弹出的颜色列表中选择需要的颜色即可。用同样方法可设置副标题文本颜色。

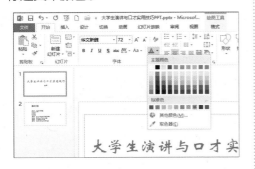

2 选择一种颜色

切换到第 2 张幻灯片，选择"演讲大纲"后，在弹出的快捷菜单中，单击【字体颜色】右侧的下拉按钮，在弹出的列表中选择一种颜色即可。

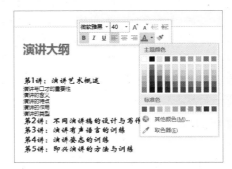

1.7　设置段落样式

本节视频教学时间 / 2 分钟

设置段落格式包括对齐方式、缩进及间距与行距等方面的设置。

1.7.1 对齐方式设置

段落对齐方式包括左对齐、右对齐、居中对齐、两端对齐和分散对齐等。在"大学生演讲与口才实用技巧 PPT"文稿中，我们将标题设置为居中对齐，正文内容设置为左对齐。

1 单击【居中对齐】按钮

切换到第 2 张幻灯片，选择标题所在的文本框后，在【段落】选项组中单击【居中对齐】按钮。

在弹出的快捷菜单中选择【段落】菜单命令，弹出【段落】对话框，在其中设置段落对齐方式为"左对齐"。

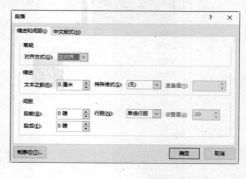

2 设置对齐方式

选择正文内容后，单击鼠标右键，

> **提示**
>
> 使文本左对齐组合键为【Ctrl+L】；居中对齐组合键为【Ctrl+E】；右对齐组合键为【Ctrl+R】。

1.7.2 设置文本段落缩进

段落缩进指的是段落中的行相对于页面左边界或右边界的位置。段落缩进方式主要包括左缩进、右缩进、悬挂缩进和首行缩进等。悬挂缩进是指段落首行的左边界不变，其他各行的左边界相对于页面左边界向右缩进一段距离。首行缩进是指将段落的第一行从左向右缩进一定的距离，首行外的各行都保持不变。

1 设置段落

选择第 1 行以及第 6 行至第 10 行文本，单击鼠标右键，在弹出的快捷菜单中选择【段落】菜单命令，弹出【段落】对话框，设置段落缩进为"1 厘米"，用同样的方法设置其他段落缩进为"1 厘米"。

2 选择第 2~6 行文本

选择第 2~6 行文本，使用同样的方法将其段落缩进设置为文本之前"2 厘米"。

1.8 添加项目符号或编号

本节视频教学时间 / 3 分钟

项目符号和编号是放在文本前的点或其他符号，起到强调作用。合理使用项目符号和编号，可以使文档的层次结构更清晰、更有条理。

1.8.1 为文本添加项目符号或编号

在幻灯片中经常要为文本添加项目符号或编号。在"大学生演讲与口才实用技巧PPT"中添加项目符号或编号，让文档的条理更清晰。

1 添加项目符号

在第 2 张幻灯片中，按住【Ctrl】键，选择要添加项目符号的文本。

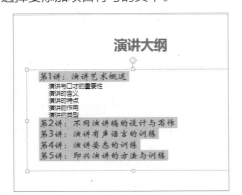

2 效果图

单击【开始】选项卡【段落】组中的【项目符号】按钮，即可为文本添

加项目符号。

> **提示**
> 单击【开始】选项卡【段落】组中的【编号】按钮，即可为文本添加编号。

27

1.8.2 更改项目符号或编号的外观

如果为文本添加的项目符号或编号的外观不是所需要的，可以更改项目符号或编号的外观。

1 选择文本

选择已添加项目符号或编号的文本，这里选择添加项目编号的文本。

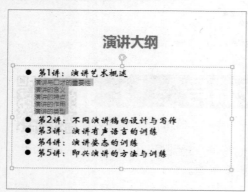

2 更改项目编号外观

单击【开始】选项卡【段落】组中的【项目编号】的下拉按钮 ☰·，从弹出的下拉列表中选择需要的项目编号，即可更改项目编号的外观。

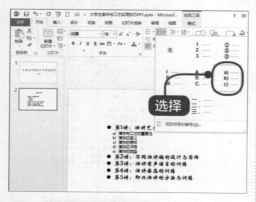

3 选择要更改的项目符号

按住【Ctrl】键，选择要更改的项目

符号的文本。

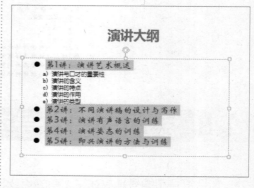

4 选择项目符号

单击【开始】选项卡【段落】组中的【项目符号】的下拉按钮，从弹出的下拉列表中选择需要的项目符号，即可更改项目符号的外观。

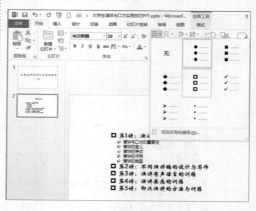

5 单击【自定义】按钮

单击下拉列表中的【项目符号和编号】选项，弹出【项目符号和编号】对话框，单击【自定义】按钮。

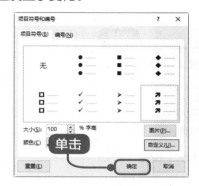

我们可以看到当前我们使用的项目符号已经发生了变化。

6 单击【确定】按钮

在弹出的【符号】对话框中可以设置新的图片为项目符号的新外观。选择一个符号后单击【确定】按钮。

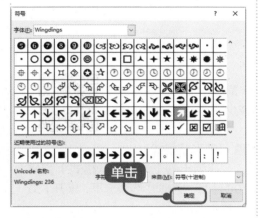

8 效果图

单击【确定】按钮，关闭【项目符号和编号】对话框，返回到幻灯片中查看设置后的项目符号。

7 返回到【项目符号和编号】对话框

返回到【项目符号和编号】对话框中，

1.9 保存设计好的文稿

本节视频教学时间 / 1 分钟

演示文稿制作完成之后就可以将其保存起来，方便使用。

1 保存文件

选择【文件】选项卡，在弹出快捷菜单中选择【保存】按钮，即可保存文件。

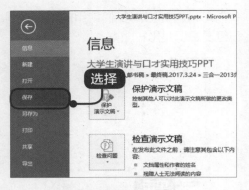

2 单击【保存】按钮

直接单击快速访问栏中的【保存】按钮。

技巧1 ● 减少文本框的边空

在幻灯片文本框中输入文字时，文字离文本框上下左右的边空是默认设置好的。其实，可以通过减少文本框的边空，来获得更大的设计空间。

1 选择【设置形状格式】命令

选中要减少文本框边空的文本框，然后右键单击文本框的边框，在弹出的快捷菜单中选择【设置形状格式】命令。

2 设置形状格式

在弹出的【设置形状格式】窗格中的【形状选项】选项卡下，展开【文本框】选项。

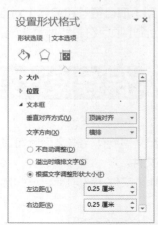

③ **修改数值**

在【左边距】、【右边距】、【上边距】和【下边距】文本框中，将数值重新设置为"0厘米"。

④ **最终效果图**

单击【关闭】按钮，即可完成文本框边空的设置，最终效果如下图所示。

技巧 2 ● 巧妙体现你的 PPT 逻辑内容

如果你的逻辑思维混乱，就不可能制作出条理清晰的 PPT，观众看 PPT 也会一头雾水、不知所云，所以 PPT 中内容的逻辑性非常重要，逻辑内容是 PPT 的灵魂。

在制作 PPT 前，梳理 PPT 观点时，如果有逻辑混乱的情况，可以尝试使用"金字塔原理"来创建思维导图。

"金字塔原理"是在 1973 年由麦肯锡国际管理咨询公司的咨询顾问巴巴拉明托（Barbara Minto）发明的，旨在阐述写作过程的组织原理，提倡按照读者的阅读习惯改善写作效果。因为主要思想总是从次要思想中概括出来的，文章中所有思想的理想组织结构，也就必定是一个金字塔结构——由一个总的思想统领多组思想。在这种金字塔结构中，思想之间的联系方式可以是纵向的（即任何一个层次的思想都是对其下面一个层次思想的总结），也可以是横向的（即多个思想因共同组成一个逻辑推断式，被并列组织在一起）。

"金字塔原理"图如下所示。

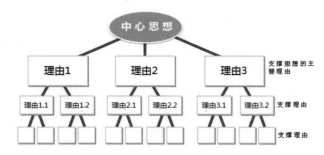

举一反三

　　学会制作实用 PPT 之后，就可以根据基本操作步骤制作其他类型的 PPT，其中比较常见的就是销售宣传 PPT、大学论文答辩 PPT、会议 PPT 以及根据公司实际需要制作出的 PPT 文件等。

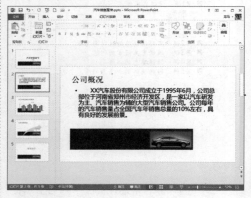

第 2 章

设计图文并茂的 PPT
——制作公司宣传 PPT

本章视频教学时间 / 16 分钟

重点导读

在 PowerPoint 2013 中使用表格和图片可以让我们制作出更漂亮的演示文稿，而且可以提高工作的效率。

学习效果图

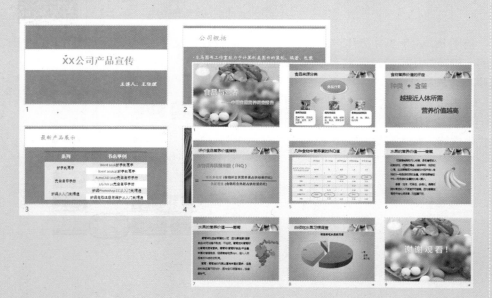

2.1 新建"公司宣传"演示文稿

本节视频教学时间 / 1 分钟

使用 PowerPoint 2013 软件制作公司宣传 PPT 之前，首先要创建一个演示文稿。

1 单击【浏览】按钮

启动 PowerPoint 2013，并新建空白演示文稿，单击【文件】选项卡，选择【保存】选项，在【另存为】区域选择【计算机】选项，单击【浏览】按钮。

2 单击【保存】按钮

打开【另存为】对话框，选择存储位置，并在【文件名】文本框中输入"公司宣传 .pptx"，单击【保存】按钮，完成新建"公司宣传"演示文稿的操作。

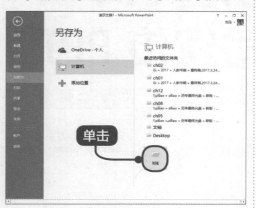

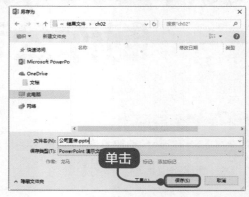

2.2 使用艺术字输入标题

本节视频教学时间 / 3 分钟

利用 PowerPoint 2013 中的艺术字功能插入装饰文字，可以创建带阴影的、扭曲的、旋转的和拉伸的艺术字，也可以按预定义的形状创建文字。

1 选择主题样式

单击【设计】选项卡下【主题】选项组中右侧下拉按钮 ，在弹出的主题样式中选择一种主题样式。

② 选择艺术字

删除文本占位符，在功能区单击【插入】选项卡【文本】选项组中的【艺术字】按钮。在弹出的【艺术字】下拉列表中选择一种艺术字样式。

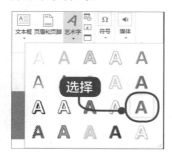

③ 调整文本框位置

在"请在此处放置您的文字"处单击输入标题"XX 公司产品宣传"，根据需要调整艺术字的大小，然后调整文本框位置，效果如下图所示。

XX公司产品宣传

④ 设置字体样式

插入一个横排文本框，输入副标题内容并设置字体样式，调整其位置后的效果如下图所示。

XX公司产品宣传

主讲人：王经理

> **提示**
>
> 插入的艺术字仅仅具有一些美化的效果，如果要设置更为艺术的字体，则需要更改艺术字的样式。用户可以在选择艺术字后，在弹出的【绘图工具】➤【格式】选项卡下选择【艺术字样式】组中的各个选项，即可更改艺术字的样式。

2.3 输入公司概况内容

本节视频教学时间 / 2 分钟

公司概况内容是公司宣传 PPT 中很重要的一项，是对公司的整体介绍和说明。

① 设置文字样式

新建样式为"标题和内容"的幻灯片，在第一个"单击此处添加标题"处输入"公司概括"，并根据需要设置文字样式。

2 效果图

在第 2 个"单击此处添加文本"处输入公司概况内容，并设置字体样式和段落样式，效果如图所示。

2.4 在幻灯片中使用表格

本节视频教学时间 / 5 分钟

在"公司宣传"演示文稿中，可以通过表格展示公司最新产品。

2.4.1 创建表格

表格是幻灯片中很常用的一类模板，一般可以通过在 PowerPoint 2013 中直接创建表格并设置表格格式、从 Word 中复制和粘贴表格、从 Excel 中复制和粘贴一组单元格，以及在 PowerPoint 中插入 Excel 电子表格 4 种方法来完成表格的创建。

1 新建幻灯片

新建"标题和内容"幻灯片。

2 设置标题文字样式

在新建的幻灯片中"单击此处添加标题"位置单击，然后输入幻灯片标题"最新产品展示"，并设置标题文字样式。

3 选择【插入表格】选项

删除"单击此处添加文本"文本占位符，然后单击【插入】选项卡【表格】组中的【表格】按钮，在弹出的列表中选择【插入表格】选项。

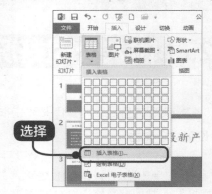

4 单击【确定】按钮

弹出【插入表格】对话框，在其中设置表格的列数和行数，然后单击【确定】按钮。

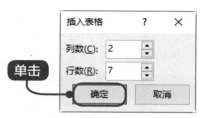

> **提示**
>
> 单击【表格】按钮后也可以在【插入表格】下拉列表中直接拖动鼠标指针以选择行数和列数，然后单击，即可在幻灯片中创建表格。

2.4.2 操作表格中的行和列

表格插入之后，还可以编辑表格的行与列，如删除或添加行（列）、调整行高或列宽及合并或拆分单元格等。

1 单击【合并单元格】按钮

选择首列第 2 个和第 3 个单元格，然后在【表格工具】➤【布局】选项卡下【合并】选项组中单击【合并单元格】按钮。

2 合并效果

使用同样的方法，合并其他需要合并的单元格，合并后效果如图所示。

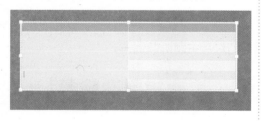

3 调整列宽

将鼠标光标放在两列中间的竖线上，当鼠标光标变为 ↔ 时，拖曳鼠标到合适的位置，即可调整列宽。

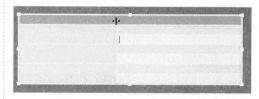

4 设置首行行高

选择第 2 行 ~ 第 7 行的单元格，然后在【表格工具】➤【布局】选项卡【单元格大小】选项组中输入【表格行高】为 "1.6 厘米"，设置首行行高为 "2.4 厘米"。

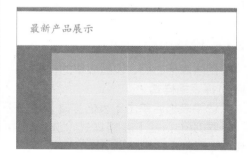

2.4.3 在表格中输入文字

要向表格单元格中添加文字，我们可以单击该单元格后输入文字，输入完成后单击该表格外的任意位置即可。

1 输入表头

依次单击第 1 行中的两个单元格，输入表头。

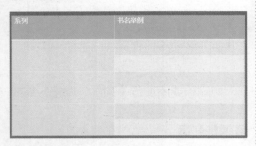

2 输入相应内容

依次单击表格中的其他单元格并输入相应内容。

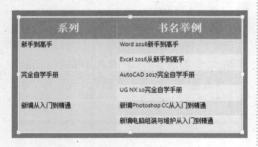

2.4.4 设置表格中的文字样式和对齐方式

在表格中输入文字后，设置表格中的文字样式和对齐方式，可以让表格更好看。

1 选择【中部对齐】命令

选中表头中的文字，将其设置为"方正书宋简"，字号为"32"，然后在【段落】选项组中单击"居中对齐"按钮，然后单击【对齐文本】按钮右侧下拉按钮，在弹出的列表中选择【中部对齐】命令。

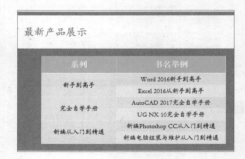

2 设置字体

选择表格中的其他文本，设置字体为"方正楷体简体"，大小为"24"，然后将其对齐方式设置为垂直、水平方向均居中显示。

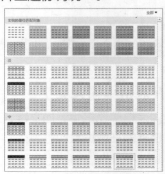

2.4.5 设置表格的样式

创建表格之后，设置表格的样式，让其与幻灯片主题协调统一。

1 选择表格样式

选中表格后单击【表格工具】➤【设计】选项卡，在【表格样式】选项组中单击【其他】按钮，弹出表格样式列表，选择一种表格样式。

② 效果图

应用表格样式后的效果如下图所示。

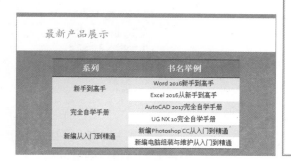

> 📢 **提示**
>
> 除了直接应用系统提供的表格样式外，用户也可以自己设计表格样式。单击【表格工具】➤【设计】选项卡【表格样式】选项组中的【底纹】按钮，可以为表格设置表格背景，包括图片、纹理及渐变等；单击【边框】按钮可以为表格添加边框；单击【效果】按钮可以为单元格添加外观效果，如阴影或映像等。

2.5 在幻灯片中使用图片

本节视频教学时间 / 4 分钟

在制作幻灯片时，适当插入一些图片，可以达到图文并茂的效果。

2.5.1 插入图片

在结束幻灯片中插入一张闭幕图，让公司宣传演示文稿显得更得体。

① 单击【新建幻灯片】按钮

单击【开始】选项卡，在【幻灯片】组中单击【新建幻灯片】按钮，直接新建一个空白幻灯片。

② 单击【图片】按钮

单击【插入】选项卡【图像】组中的【图片】按钮。

③ 单击【插入】按钮

弹出【插入图片】对话框，在【查找范围】下拉列表中选择图片所在的位置，然后单击所要使用的图片，单击【插入】按钮。

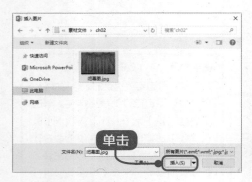

④ **效果图**

在幻灯片中查看插入的图片。

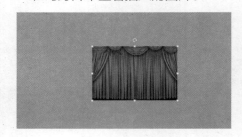

2.5.2 调整图片的大小

我们可以根据幻灯片情况调整插入的图片大小。在结束幻灯片中输入图片后，我们发现插入的图片并没有充满整个幻灯片，这时我们就需要对其进行调整。

① **选中图片**

选中插入的图片，将鼠标指针移至图片四周的尺寸控制点上。按住鼠标左键拖曳，就可以更改图片的大小。

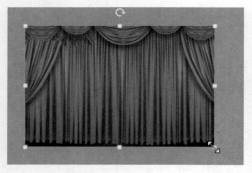

② **调整图片大小**

用鼠标选中图片后，拖动鼠标将其拖到合适的位置处，继续调整图片大小，最后使图片大小适合幻灯片大小。

2.5.3 裁剪图片

调整图片的大小后，若发现图片长宽比例与幻灯片比例不同，我们就要对图片进行裁剪。

裁剪图片时，先选中图片，然后在【图片工具】➤【格式】选项卡【大小】组中单击【裁剪】按钮，此时可以进行 4 种裁剪操作。

(1) 裁剪某一侧：将该侧的中心裁剪控点向里拖动。

(2) 同时均匀地裁剪两侧：按住【Ctrl】键的同时，将任一侧的中心裁剪控点向里拖动。

(3) 同时均匀地裁剪全部 4 侧：按住【Ctrl】键的同时，将一个角部裁剪控点向里拖动。

（4）放置裁剪：通过拖动裁剪方框的边缘移动裁剪区域或图片。

完成后在幻灯片空白位置处单击或按【Esc】键退出裁剪操作即可。

① 单击【裁剪】按钮

选中图片，然后在【图片工具】➤【格式】选项卡【大小】组中单击【裁剪】按钮 。

> **提示**
>
> 单击【裁剪】下拉按钮，弹出包括【裁剪】、【裁剪为形状】、【纵横比】、【填充】和【调整】等选项的下拉菜单。
>
> （1）裁剪为特定形状：在剪裁为特定形状时，将自动修整图片以填充形状的几何图形，但同时会保持图片的比例。
>
> （2）裁剪为通用纵横比：将图片裁剪为通用的照片或通用纵横比，可以使其轻松适合图片框。
>
> （3）通过裁剪来填充形状：若要删除图片的某个部分，但仍尽可能用图片来填充形状，可以通过【填充】选项来实现。选择此选项时，可能不会显示图片的某些边缘，但可以保留原始图片的纵横比。

② 退出裁剪操作

图片四周出现控制点，拖动左侧、右侧的中心裁剪控点向里拖动即可裁剪图片大小。裁剪后按【Esc】键或再次单击【裁剪】按钮退出裁剪操作，然后调整图片位置。

2.5.4 为图片设置样式

为图片设置样式包括添加阴影、发光、映像、柔化边缘、凹凸和三维旋转等效果，我们也可以改变图片的亮度、对比度或模糊度等。

1 选择图片样式

选择图片后，单击【图片工具】➤【格式】选项卡【图片样式】组中左侧的【其他】按钮，在弹出的菜单中选择一个图片样式。

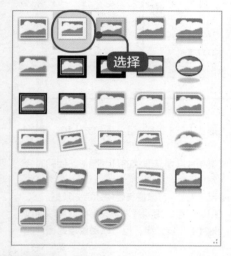

2 效果图

设置图片样式后的效果如下图所示。

3 选择【角度】图片效果

单击【图片工具】➤【格式】选项卡【图片效果】下拉按钮，在弹出的菜单列表中选择【棱台】组中的【角度】图片效果。

4 设置角度棱台效果

设置角度棱台效果后的图片效果如下图所示。

5 调整位置

在结束幻灯片中插入一个横排文本框，输入结束语，设置文字大小、颜色及调整其位置后如图所示。

6 保存文稿

演示文稿制作完毕后，单击【文件】选项卡下的【保存】选项保存文稿。

 高手私房菜

技巧 ● 设置表格的默认样式

如果经常使用某个样式而又不想每次创建表格都要重新设置，可以把需要的样式设置为默认，方法如下。

1 新建空白幻灯片

新建空白幻灯片，插入表格。选择插入的表格，将鼠标放置在【表格工具】▶【设计】选项卡中【表格样式】选项组内给出的样式上。

2 单击【设为默认值】

单击鼠标右键，在弹出选项内单击【设为默认值】，即可将选定样式设为默认。

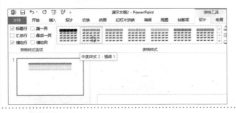

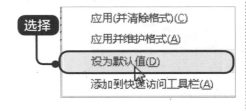

 **举一反三**

本章介绍的"公司宣传"演示文稿在制作过程中主要涉及在 PowerPoint 2013 中使用图片、剪贴画和表格等内容。如此制作出来的演示文稿属于展示说明型 PPT，主要用于向他人介绍或展示某个事物。此类演示文稿一般比较注重视觉效果，需要做到整个演示文稿的颜色协调统一。除了公司宣传类演示文

稿外，类似的演示文稿还有食品营养报告、花语集、相册制作、个人简历、艺术欣赏、汽车展销会等。

第 3 章

使用图表和图形——制作销售业绩 PPT

本章视频教学时间 / 17 分钟

重点导读

在幻灯片中加入图表或图形可以使幻灯片的内容更多样。本章通过销售业绩 PPT 的制作来介绍在 PowerPoint 2013 中使用图表、图形的基本操作，包括使用图表、形状和 SmartArt 图形的方法等。

学习效果图

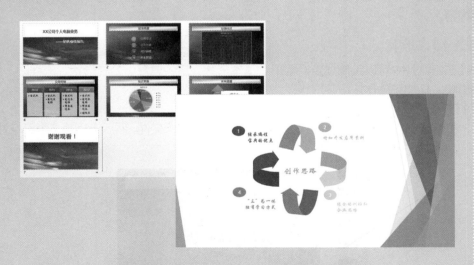

3.1 怎样才能做出好的销售业绩 PPT

本节视频教学时间 / 1 分钟

销售业绩 PPT 主要用来展示某段时间某个产品的销售情况，它可以直观地表现出在某个时间段内产品销售业绩是提高了还是降低了，而且还可以显示变化幅度等信息。

制作好销售业绩 PPT，需要注意以下几方面的内容。

(1) 明确制作的销售业绩 PPT 是用来做什么的，比如，是用来在会议上展示还是自己做比对分析的。

(2) 要做好数据收集的工作。数据收集是制作销售业绩 PPT 前最关键最重要的任务，它直接关系着 PPT 的实用性。

(3) 明确销售业绩 PPT 包括哪几方面的比较，包括公司内容的横向比较和纵向比较等。

(4) 熟练掌握 PowerPoint 2013 制作幻灯片的方法、技巧以及各种元素的合理使用。

(5) 幻灯片界面要简洁、大方、整齐。

3.2 在报告摘要幻灯片中插入形状

本节视频教学时间 / 6 分钟

在文件中添加一个形状或者合并多个形状，可以生成一个绘图或一个更为复杂的形状。添加一个或多个形状后，还可以在其中添加文字、项目符号、编号和快速样式等内容。

3.2.1 插入形状

在幻灯片中可以绘制线条、矩形、基本形状、箭头总汇、公式形状、流程图、星与旗帜、标注和动作按钮等形状。

1 打开素材

打开随书光盘中的"素材 \ch03\ 销售业绩 .pptx"文件，然后选择第 2 张幻灯片。

2 选择形状

单击【开始】选项卡【绘图】组中的【形状】按钮，在弹出的下拉菜单中选择【基本形状】区域的椭圆形状○。

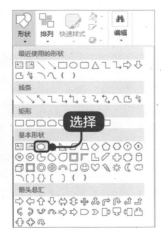

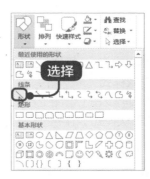

3 绘制圆

按住【Shift】键在幻灯片中绘制圆。

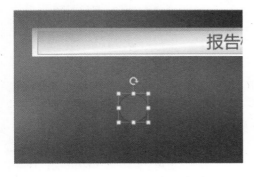

> 📢 **提示**
> 调用【椭圆】命令后按住【Shift】键绘制出圆；如果不按【Shift】键即可绘制椭圆。

4 绘制一条直线

单击【开始】选项卡【绘图】组中的【形状】按钮，在弹出的下拉菜单中选择【线条】区域的【直线】，在幻灯片中绘制一条直线。

5 选择【虚线】选项

单击【绘图工具】▶【格式】选项卡【形状样式】组中【形状轮廓】下拉按钮，在弹出的列表中选择【虚线】选项，然后在弹出的虚线列表中选择某一种。

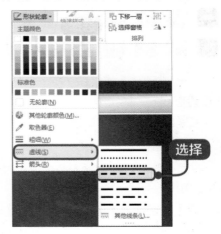

6 效果图

绘制完成后，效果如下图所示。

3.2.2 应用形状样式

绘制图形后，在【绘图工具】➤【格式】选项卡【形状样式】组中可以对幻灯片中的形状设置样式，包括设置填充形状的颜色、填充形状轮廓的颜色和形状的效果等。

1 选择形状样式

选择圆后单击【绘图工具】➤【格式】选项卡【形状样式】组中的【其他】按钮，在弹出的下拉菜单中选择一种形状样式。

2 设置直线

选择直线后单击【绘图工具】➤【格

式】选项卡【形状样式】组中的【形状轮廓】下拉按钮，在弹出的菜单中设置直线的粗细和颜色。

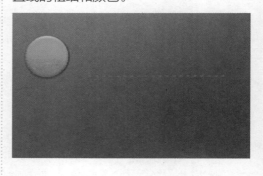

> **📣 提示**
>
> 另外，在【形状样式】选项组中单击【形状填充】和【形状效果】右侧下拉按钮，还可以为形状添加填充、预设、阴影、发光等效果。

3.2.3 组合图形

在同一张幻灯片中插入多个形状时，可以将多个图形组合成一个形状，这里将绘制的圆和直线组合成一个形状。

1 选择【置于顶层】选项

调整圆形和直线的位置，然后选择圆形，单击鼠标右键，在弹出的快捷菜单中选择【置于顶层】列表中的【置于顶层】选项。

2 选择【组合】选项

同时选择圆形和直线，单击鼠标右键，在弹出的快捷菜单菜单中选择【组合】列表中的【组合】选项。

3.2.4 排列形状

使用【开始】选项卡【绘图】选项组中的【排列】按钮可以对多个图形各种方式快速排列。

1 复制形状

选择组合后的图形，按【Ctrl+C】组合键复制形状，然后在该幻灯片下任意位置处单击，按【Ctrl+V】组合键粘贴，重复【粘贴】操作，复制出 3 个形状。

向分布】选项，调整后效果如图。

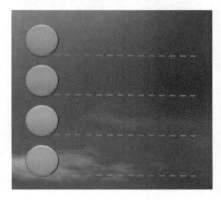

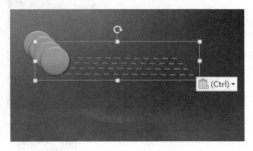

2 选择【纵向分布】选项

选中所有的图形，然后单击【绘图】选项组中的【排列】中的【对齐】列表中的【左右居中】选项，并调整图形上下间距后，再次使用【对齐】列表中的【纵

3.2.5 在形状中添加文字

在绘制或者插入的形状中可以直接添加文字，也可以借助文本框添加文字。

1 选择【编辑文字】选项

选择第 1 个圆形，然后单击鼠标右键，在弹出的快捷菜单中选择【编辑文字】选项。

② 调整文字大小

此时鼠标光标定位在圆形中，输入阿拉伯数字"1"，同样在其他圆中依次输入数字，然后调整文字大小后效果如下图所示。

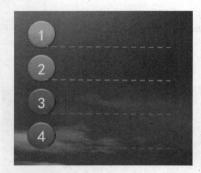

④ 效果图

输入文字后，设置文本大小、颜色以及对齐方式等，效果如下图所示。

③ 添加文字

在第 1 个圆形右侧的直线上方插入一个横排文本框，然后输入文字。依此操作，添加文字如下所示。

3.3 SmartArt 图形

本节视频教学时间 / 3 分钟

SmartArt 图形是信息和观点的视觉表现形式。我们可以通过从多种不同的布局中进行选择来创建 SmartArt 图形，从而快速、轻松和有效地传达信息。

使用 SmartArt 图形，只需单击几下鼠标，就可以创建具有设计师水准的插图。PowerPoint 2013 演示文稿通常包含带有项目符号列表的幻灯片，使用 PowerPoint 时，可以将幻灯片文本转换为 SmartArt 图形。此外，还可以向 SmartArt 图形添加动画效果。

3.3.1 创建 SmartArt 图形

在 PowerPoint 2013 中，SmartArt 图形主要包括列表、流程、循环、层次结构、关系、矩阵及棱锥图等类型。在创建时，可以根据 SmartArt 图形的作用来具体选择使用哪种类型。

① 单击【SmartArt】按钮

选择第 4 张幻灯片，单击【插入】选项卡【插图】选项组中的【SmartArt】按钮。

2 选择 SmartArt 图形

弹出【选择 SmartArt 图形】对话框。

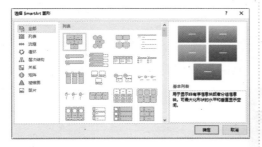

3 单击【确定】按钮

单击左侧的【列表】选项卡，在弹

出的右侧列表中选择【水平项目符号列表】选项，单击【确定】按钮。

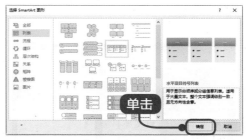

4 插入 SmartArt 图形

即可在幻灯片中插入一个 SmartArt 图形。

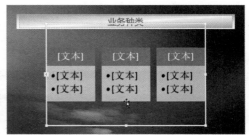

3.3.2 添加形状

创建 SmartArt 图形之后，可以对形状进行修改，如添加、删除形状。在本节中我们在创建的 SmartArt 图形后再添加一个形状。

1 添加形状

选择距离要添加的新形状位置最近的现有形状，如在图形的最右侧添加一个形状，则可以选择最右侧的图形。

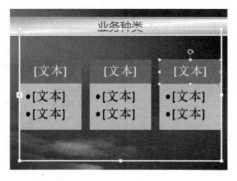

51

2 选择【在后面添加图形】命令

单击鼠标右键，在弹出的快捷菜单中选择【添加形状】列表中的【在后面添加图形】命令。

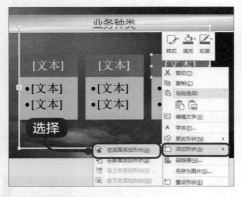

3 调整形状大小和位置

添加形状后，可以拖动形状边框来调整形状的大小和位置，使形状显示得更清晰。

4 设置文字样式

根据需要在 SmartArt 图形中添加文字，并设置文字样式，效果如图所示。

提示

也可以单击【文本】窗格中现有的窗格，将指针移至文本之前或之后要添加形状的位置，然后按【Enter】键即可。

3.3.3 设置 SmartArt 图形

设置 SmartArt 图形一般包括更改形状样式、更改 SmartArt 图形布局、更改 SmartArt 图形样式以及更改 SmartArt 图形中文字的样式等操作。本节对添加的 SmartArt 图形更改形状样式，包括样式和颜色。

1 选择 SmartArt 图形

选择 SmartArt 图形后，单击【SmartArt 工具】➢【设计】选项卡【SmartArt 样式】选项组中的【其他】按钮，在弹出的列表中选择一种样式。

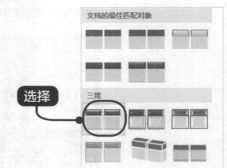

2 单击应用

单击将其应用到 SmartArt 图形上。

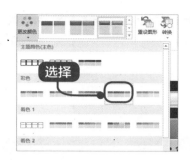

3 单击【更改颜色】按钮

选 择 SmartArt 图 形 后，单 击【SmartArt 工具】▶【设计】选项卡【更改颜色】按钮，在弹出的下拉列表中一种颜色。

4 更改 SmartArt 图形颜色

更改 SmartArt 图形颜色后的效果如下图所示。

3.4 使用图表设计业绩综述和地区销售幻灯片

本节视频教学时间 / 3 分钟

本节将通过应用图表让"销售业绩"演示文稿数据显示得更加直观。

3.4.1 了解图表

在学习向幻灯片中插入图表之前，先来了解一下图表的作用及分类。

1. 图表的作用

形象直观的图表与文字数据相比更容易让人接受，在幻灯片中插入图表可以使幻灯片的显示效果更好。

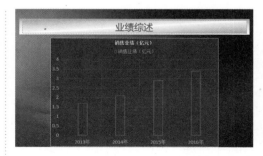

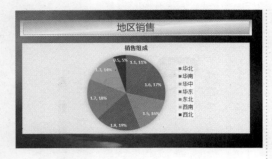

2. 图表的分类

在 PowerPoint 2013 中，可以插入到幻灯片中的图表包括柱形图、折线图、饼图、条形图、面积图、XY（散点图）、股价图、曲面图、圆环图、气泡图和雷达图。【插入图表】对话框体现出图表的分类。

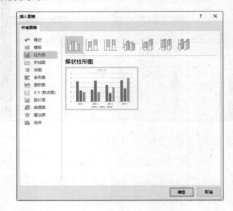

3.4.2 插入图表

柱形图是最常用的一种图表类型，下面在"业绩综述"幻灯片中插入柱形图来展现业绩。

1 单击【确定】按钮

选择"业绩综述"幻灯片，然后单击【插入】选项组中的【图表】按钮，弹出【插入图表】对话框，在右侧的列表中选择一种柱形图后单击【确定】按钮。

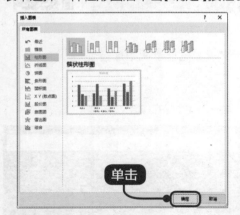

2 调整区域大小

弹出【Microsoft PowerPoint 中的图表】文件，在单元格中输入要显示的数据，根据需要调整蓝色线区域大小（输入的数据资料可参考随书光盘中的"素材 \ch03\ 销售业绩数据 .xlsx"）。

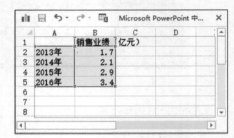

3 插入柱形图

关闭 Excel 表后返回到幻灯片中即可看到已经插入的柱形图。

4 选中图形

选中图形，在【图表工具】▶【设计】选项卡下单击【图表样式】选项组中的【其他】按钮，在弹出来的列表中选择一种即可。

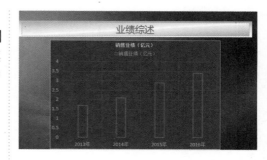

3.4.3 创建其他图表

除了使用柱形图显示数据变化外，我们还经常使用折线图显示连续的数据，使用饼图显示个体与整体的关系，使用条形图比较两个或多个项之间的差异。这些操作方法与柱形图相似，不再赘述。本节在"地区销售"幻灯片中插入一个饼图。

1 单击【插入图表】按钮

选择"地区销售"幻灯片，单击【插入图表】按钮，在弹出的【插入图表】对话框中选择饼图的一种，然后在弹出的 Excel 文件中输入相关数据内容（可参考"素材\ch03\销售业绩数据.xlsx"）。

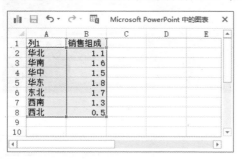

2 效果图

关闭 Excel 文件，返回到幻灯片中即可看到插入的一个饼图。使用【图表工具】选项卡对饼图修饰后效果如下。

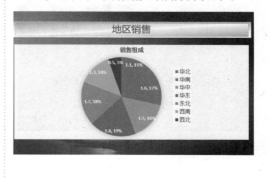

3.5 设计未来展望幻灯片内容

本节视频教学时间 / 2 分钟

在"未来展望"幻灯片中，使用形状和文字来展示内容。

1 选择"上箭头"选项

选择"未来展望"标题幻灯片，单击【插入】选项卡中的【插图】组，单击【形状】按钮，在弹出的列表中选择"上箭头"选项。

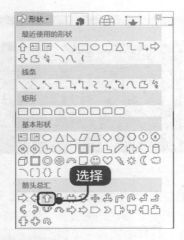

2 设置箭头样式

在幻灯片中拖曳鼠标绘制一个上箭头，然后在【绘图工具】▶【格式】选项卡下设置箭头样式后如图所示。

3 设置矩形样式

在【形状】列表中单击"矩形"选项，然后在幻灯片中拖曳鼠标插入一个矩形，设置矩形样式后效果如图所示。

4 组合图形

调整箭头和矩形的位置并将其组合起来。

5 输入文本内容

重复以上步骤绘制其他形状，并输入文本内容。

6 效果图

至此，"销售业绩" PPT 制作完成。

高手私房菜

技巧 1 ● 将文本转换为 SmartArt 图形

在演示文稿中，我们可以将幻灯片中的文本转换为 SmartArt 图形，以便在 PowerPoint 中可视地显示信息，而且可以对其进行布局的设置。我们还可以更改 SmartArt 图形的颜色或者向其添加 SmartArt 样式来自定义 SmartArt 图形。

1 打开演示文稿

在打开的演示文稿中，单击内容文字占位符的边框。

2 选择形状样式

单击【开始】选项卡【段落】组中的【转换为 SmartArt 图形】按钮，在弹出的菜单中选择一种形状样式。

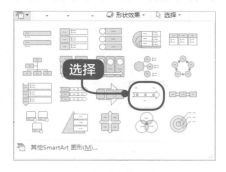

3 换为 SmartArt 图形

即可将文本转换为 SmartArt 图形。

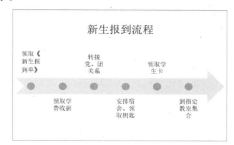

> 📢 **提示**
>
> 也可单击【转换为 SmartArt 图形】下拉菜单中的【其他 SmartArt 图形】选项，从弹出的【选择 SmartArt 图形】对话框中选择所要转换的图形。

4 最终效果

在【SmartArt 工具】➤【设计】选项卡中的【布局】组和【SmartArt 样式】组中更改布局及图形样式，最终效果如下图所示。

技巧 2 ● 将 SmartArt 图形转换为形状

在演示文稿中，可以将幻灯片中的 SmartArt 图形转换为形状。

① 选择【转换为形状】选项

在打开的演示文稿中，单击 SmartArt 图形的边框，在【SmartArt 工具】➤【设计】选项卡【重置】组中单击【转换】按钮，从弹出的下拉列表中选择【转换为形状】选项。

② 转换形状

将幻灯片中的 SmartArt 图形转换为形状，图形边框随之转换为形状的边框，且【SmartArt 工具】选项卡转换为【绘图工具】选项卡。

举一反三

除了本章介绍的"销售业绩"演示文稿可以使用图表、形状、SmartArt 图形外，还有很多类型的演示文稿经常使用这些元素。使用这些元素不但可以简化文字使用，而且可以更清楚地表达作者意图，达到事半功倍的效果。

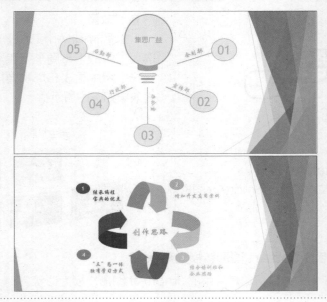

第 4 章

使用动画——制作行销企划案

本章视频教学时间 / 15 分钟

重点导读

在演示文稿中添加适当的动画，可以使演示文稿的播放效果更加形象，也可以使一些复杂内容逐步显示以便观众理解。

学习效果图

4.1 PPT 动画使用要素及原则

本节视频教学时间 / 3 分钟

在制作 PPT 的时候，通过使用动画效果可以大大提高 PPT 的表现力，在动画展示的过程中可以起到画龙点睛的作用。

4.1.1 动画的要素

动画可以给文本或对象添加特殊视觉或声音效果。例如，动画可以使文本项目符号逐字从左侧飞入，或在显示图片时播放掌声。

1. 过渡动画

使用颜色和图片可以引导章节过渡，学习了动画使用后，也可以用翻页动画这个新手段来实现章节之间的过渡。

通过翻页动画，可以提示观众过渡到了新一章或新一节。选择翻页时不能选择太复杂的动画，整个 PPT 中幻灯片的过渡都向一个方向动起来即可。

2. 重点动画

用动画来强调重点内容被普遍运用在 PPT 的制作中。在日常的 PPT 制作中，重点动画能占到 PPT 动画的 80%。如讲到某重点内容时使用相应的动画，在用鼠标单击或鼠标光标经过该重点内容时使其产生一定的动作，则会更容易吸引观众的注意力。

在使用强调效果强调重点动画的时候，可以使用进入动画效果进行设置。

在使用重点动画的时候要避免使动画复杂至极而影响表达力，谨慎使用蹦字动画，尽量少设置慢动作的动画速度。

另外，使用颜色的变化与出现、消失效果的组合，这样构成的前后对比也是强调重点动画的一种方法。

4.1.2 动画的原则

在使用动画的时候，要遵循动画的醒目、自然、适当、简化及创意原则。

1. 醒目原则

使用动画是为了使重点内容等显得醒目，因此在使用动画时要遵循醒目原则。

例如，用户可以给幻灯片中的图形设置【加深】动画，这样在播放幻灯片的时候中间的图形就会加深颜色显示，从而使其显得更加醒目。

2. 自然原则

无论是使用的动画样式，还是设置文字、图形元素出现的顺序，都要在设计时遵循自然的原则。使用的动画不能显得生硬，也不能脱离具体的演示内容。

3. 适当原则

在 PPT 中使用动画要遵循适当原则，既不可以每页每行字都有动画，造成动画满天飞、滥用动画及错用动画，也不可以在整个 PPT 中不使用任何动画。

动画满天飞容易分散观众的注意力，打乱正常的演示过程，也容易给人一种是在展示 PPT 的软件功能，而不是通过演讲表达信息的感觉。而另一种不使用任何动画的极端行为，也会使观众觉得枯燥无味，同时有些问题也不容易解释清楚。因此，在 PPT 中使用动画要适当，要结合演示文稿传达的意思来使用动画。

4. 简化原则

有些时候 PPT 中某页幻灯片中的构成元素不可避免地繁杂，例如使用大型的组织结构图、流程图等表达复杂内容的时候，尽管使用简单的文字、清晰的脉络去展示，但还是会显得复杂。这个时候如果使用恰当的动画将这些大型的图表化繁为简，运用逐步出现、讲解、再出现、再讲解的方法，则可以将观众的注意力随动画和讲解集中在一起。

5. 创意原则

为了吸引观众的注意力，在 PPT 中动画是必不可少的。并非任何动画都可以吸引观众，如果质量粗糙或者使用不当，观众只会疲于应付，反而会分散他们对 PPT 内容的关注。因此，使用 PPT 动画的时候，要有创意。例如可以使用【陀螺旋】动画，在扔出扑克牌的时候使用魔术师变出扑克牌的动画，会产生更好的效果。

4.2 为幻灯片创建动画

本节视频教学时间 / 3 分钟

使用动画可以让观众将注意力集中在要点和信息流上，还可以提高观众对演示文稿的兴趣。可以将动画效果应用于个别幻灯片上的文本或对象、幻灯片母版上的文本或对象，或者自定义幻灯片版式上的占位符。

4.2.1 创建进入动画

可以为对象创建进入动画。例如，使对象逐渐淡入焦点，从边缘飞入幻灯片或者跳入视图中。

1 打开素材

打开随书光盘中的"素材 \ch04\ 公司行销企划案 .pptx"文件。

2 选择幻灯片

选择第一页幻灯片中要创建进入动画效果的文字，单击【动画】选项卡【动画】组中的【其他】按钮，弹出动画下拉列表。

3 选择【飞入】选项

在下拉列表的【进入】区域中选择【飞入】选项，创建进入动画效果。

4 效果图

添加动画效果后，文字对象前面将显示一个动画编号标记。

> **提示**
>
> 创建动画后，幻灯片中的动画编号标记在打印时不会被打印出来。

4.2.2 创建强调动画

可以为对象创建强调动画，效果示例包括使对象缩小或放大、更改颜色或沿着其中心旋转等。

1 选择幻灯片

选择幻灯片中要创建强调动画效果的文字"——XX 公司管理软件"。

2 选择【放大 / 缩小】选项

单击【动画】选项卡【动画】组中的【其他】按钮，在弹出的下拉列表的【强

调】区域中选择【放大 / 缩小】选项，即可添加动画。

4.2.3 创建路径动画

可以为对象创建动作路径动画，使用这些效果可以使对象上下、左右移动或者沿着星形、圆形图案移动。

1 选择【弧形】选项

选择第 2 张幻灯片，选择幻灯片中要创建路径动画效果的对象，单击【动画】选项卡【动画】组中的【其他】按钮，在弹出的下拉列表的【路径】区域中选择【弧形】选项。

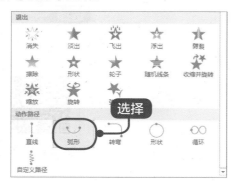

2 创建"弧形"效果

单击后即可为此对象创建"弧形"效果的路径动画效果。

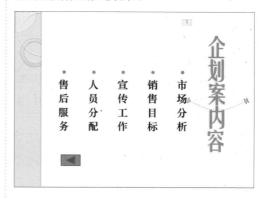

3 单击【自定义路径】按钮

选择第 3 张幻灯片，选择要自定义

路径的文本，然后在动画列表中的【路径】组中单击【自定义路径】按钮。

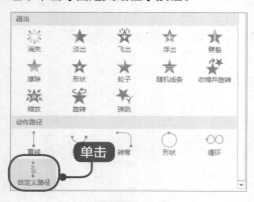

4.2.4 创建退出动画

可以为对象创建退出动画，这些效果包括使对象飞出幻灯片、从视图中消失或者从幻灯片旋出等。

1 选择文本对象

切换到第 4 张幻灯片，选择"谢谢观赏！"文本对象。

2 选择【弹跳】选项

单击【动画】选项卡【动画】组中的【其他】按钮，在弹出的下拉列表的【退

4 绘制动画路径

此时，光标变为"十"字型，在幻灯片上绘制出动画路径后按【Enter】键即可。

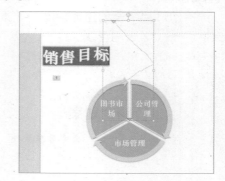

出】区域中选择【弹跳】选项即可为对象创建"弹跳"动画效果。

4.3 设置动画

本节视频教学时间 / 3 分钟

【动画窗格】显示了有关动画效果的重要信息，如效果的类型、多个动画效果之间的相对顺序、受影响对象的名称以及效果的持续时间等。

4.3.1 查看动画列表

单击【动画】选项卡【高级动画】组中的【动画窗格】按钮,可以在【动画窗格】中查看幻灯片上所有动画的列表。

【动画列表】中各选项的含义如下。

(1) 编号:表示动画效果的播放顺序,此编号与幻灯片上显示的不可打印的编号标记是相对应的。

(2) 时间线:代表效果的持续时间。

(3) 图标颜色:代表动画效果的类型。

(4) 菜单图标:选择列表中的项目后会看到相应菜单图标(向下箭头) ▼ ,单击该图标即可弹出如下图所示的下拉菜单。

4.3.2 调整动画顺序

在放映过程中,也可以对幻灯片播放的顺序进行调整。

1 选择第2张幻灯片

选择第2张幻灯片,单击【动画】选项卡【高级动画】组中的【动画窗格】按钮,弹出【动画窗格】窗口。

2 选择动画3

选择【动画窗格】窗口中需要调整顺序的动画,如选择动画3,然后单击【动画窗格】窗格上方的向上按钮 ▲ 或向下按钮 ▼ 进行调整。

除了使用【动画窗格】调整动画顺序外，也可以使用【动画】选项卡调整动画顺序。

1 选中标题动画

选择第1张幻灯片，并选中标题动画，单击【动画】选项卡【计时】组中【对动画重新排序】区域的【向后移动】按钮。

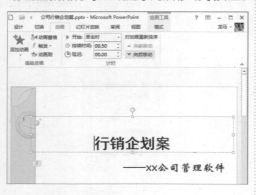

2 排列动画顺序

即可将此动画顺序向后移动一个次序，在【幻灯片】窗格中可以看到此动画前面的编号发生改变。

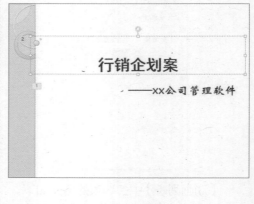

4.3.3 设置动画时间

创建动画之后，可以在【动画】选项卡上为动画指定开始、持续时间或者延迟计时。

1 选择开始方式

选择第2张幻灯片中的弧形动画，在【计时】组中单击【开始】菜单右侧的下拉箭头，然后从弹出的下拉列表中选择所需的开始方式。

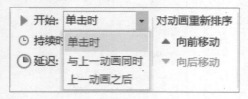

2 设置延迟时间

在【计时】组中的【持续时间】文本框中输入所需的时间，或者单击【持续时间】微调框的微调按钮来调整动画要运行的持续时间，在【延迟】微调框中可以设置动画的延迟时间。

4.4 触发动画

本节视频教学时间 / 1分钟

触发动画是设置动画的特殊开始条件。

1 选择【副标题 2】选项

选择结束幻灯片的动画，单击【动画】选项卡【高级动画】组中的【触发】按钮，在弹出的下拉菜单的【单击】子菜单中选择【副标题 2】选项。

2 设置动画对象

创建触发动画后的动画编号变为 图标，在放映幻灯片时，用鼠标指针单击设置过动画的对象后，即可显示动画效果。

4.5 复制动画效果

本节视频教学时间 / 1 分钟

在 PowerPoint 2013 中，可以使用动画刷复制一个对象的动画，并将其应用到另一个对象。

1 单击【动画刷】按钮

选择要复制的动画，单击【动画】选项卡【高级动画】组中的【动画刷】按钮，此时幻灯片中的鼠标指针变为动画刷的形状 。

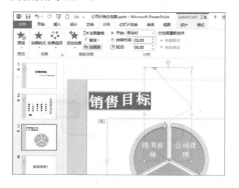

2 复制动画效果

在幻灯片中，用动画刷单击要复制动画的对象，即可复制动画效果。

4.6 测试动画

本节视频教学时间 / 1 分钟

为文字或图形对象添加动画效果后，可以单击【动画】选项卡【预览】组中的【预览】按钮，验证它们是否起作用。单击【预览】按钮下方的下拉按钮，弹出下拉列表，包括【预览】和【自动预览】两个选项。勾选【自动预览】复选框后，每次为对象创建完动画，即可自动在【幻灯片】窗格中预览动画效果。

4.7 移除动画

本节视频教学时间 / 1 分钟

为对象创建动画效果后，也可以根据需要移除动画。移除动画的方法有以下两种。

1 选择【无】选项

单击【动画】选项卡【动画】组中的【其他】按钮 ▾，在弹出的下拉列表的【无】区域中选择【无】选项。

2 选择【删除】选项

单击【动画】选项卡【高级动画】组中的【动画窗格】按钮，在弹出的【动画窗格】中选择要移除动画的选项，然后单击菜单图标（向下箭头），在弹出的下拉列表中选择【删除】选项即可。

技巧 ● 制作电影字幕

在 PowerPoint 2013 中可以轻松实现电影字幕的动画效果。

1 删除动画效果

删除创建的动画效果，并选择要创建动画的内容。

2 选择【更多退出效果】选项

在【动画】下拉列表中选择【更多退出效果】选项。

3 更改退出效果

弹出【更多退出效果】对话框。

4 单击【确定】按钮

在【更改退出效果】对话框中选择【华丽型】区域的【字幕式】选项，单击【确定】按钮，即可为文本对象添加字幕式动画效果。

一般公司在制作关于企划案的 PPT 时，为了使演讲不那么枯燥，都会选择给演示文稿中插入一些动画元素，这样可以使得演示文稿更加活泼、生动、形象。一般公司在制作销售业绩报告时也会这样做。还有针对一些比较枯燥无聊的演示文稿也可以添加动画效果以达到吸引人目光的目的。

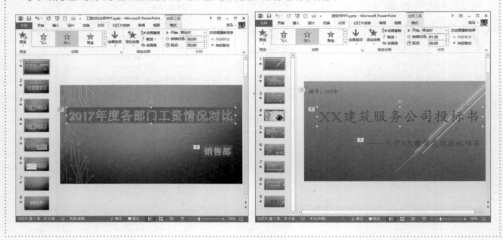

第 5 章

添加多媒体元素——制作圣诞节卡片 PPT

本章视频教学时间 / 25 分钟

🎧 重点导读

在制作的幻灯片中添加各种多媒体元素能够使幻灯片更富有感染力。本章中，我们在圣诞节卡片中添加音频和视频文件，让圣诞节卡片的效果更丰富、更完整。

📖 学习效果图

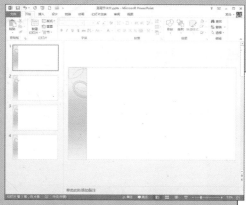

5.1 设计圣诞节卡片 PPT

本节视频教学时间 / 3 分钟

送朋友一张自己亲手制作的圣诞贺卡，让这个圣诞节过得更有意义。

1 打开素材

打开随书光盘中的"素材 \ch05\ 圣诞节卡片 .pptx"文件。

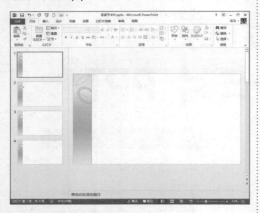

2 设置艺术字样式

选择第 1 张幻灯片，然后插入一种艺术字样式，输入"圣诞节快乐！"，设置艺术字样式后效果如下图所示。

3 调整图片位置

选择第 2 张幻灯片，单击【插入】中【图像】组中的【图片】按钮，在弹出的【插入图片】对话框中选择随书光盘中"素材 \ch05"中的"圣诞节 -1. png"和"圣诞节 -2.jpg"，并且调整图片位置。

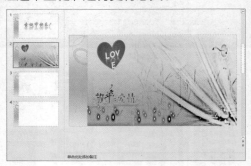

4 设置字体

在【插入】选项卡中的【文本】组中单击【文本框】按钮，插入一个横排文本框，在其中输入文本后，设置文本字体、字号、颜色等样式如下图所示。

5 选择第 3 张幻灯片

选择第 3 张幻灯片，插入随书光盘中的"素材 \ch05\ 圣诞节 -3.png"，并调整图片位置。

6 单击【图片】按钮

选择第 4 张幻灯片，单击占位符中的【图片】按钮，在弹出的对话框中插入随书光盘中的"素材 \ch05\ 圣诞节 -4.jpg"。

5.2 添加音频

本节视频教学时间 / 2 分钟

PowerPoint 2013 中，我们既可以添加来自文件、剪贴画中的音频，使用 CD 中的音乐，还可以自己录制音频并将其添加到演示文稿中。

5.2.1 PowerPoint 2013 支持的声音格式

PowerPoint 2013 支持的声音格式很多，下表所列音频格式都可以添加到 PowerPoint 2013 中。

音频文件	音频格式
AIFF 音频文件（aiff）	*.aif 、*.aifc 、*.aif
AU 音频文件（au）	*.au 、*.snd
MIDI 文件（midi）	*.mid 、*.midi 、*.rmi
MP3 音频文件（mp3）	*.mp3 、*.m3u
Windows 音频文件（wav）	*.wav
Windows Media 音频文件（wma）	*.wma 、*.wax
QuickTime 音频文件（aiff）	*.3g2 、*.3gp 、*.aac 、*.m4a 、*.m4b 、*.mp4

5.2.2 添加文件中的音频

制作演示文稿时，保存在电脑资源管理器中的所有音频文件（只包括支持格式）都可以插入幻灯片。

1 选择【PC 上的音频】选项

选择第 1 张幻灯片，在【插入】选项卡中的【媒体】选项组中单击【音频】下三角按钮，在弹出的列表中选择【PC 上的音频】选项。

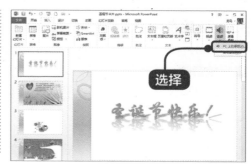

2 单击【插入】按钮

弹出【插入音频】对话框，在【查找范围】文本框中查找音频文件所在的位置，选择文件后单击【插入】按钮。

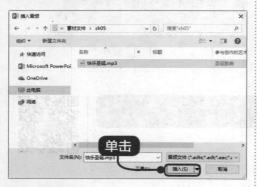

4 选中音频

选中音频，拖动鼠标至合适的位置即可。

3 插入音频文件

返回到幻灯片中即可看到已插入的音频文件。

> **提示**
>
> 如果有需要还可以录制音频，在【插入】选项卡中的【媒体】组中单击【音频】下三角按钮【录制音频】选项，弹出【录音】对话框，单击【录音】按钮，即可开始录制。

5.3 播放音频与设置音频

本节视频教学时间 / 6 分钟

添加音频后，可以播放，也可以进行设置效果、剪裁音频及在音频中插入书签等操作。

5.3.1 播放音频

在幻灯片中插入音频文件后，可以试听效果。播放音频的方法有以下两种。

1 播放音频

选中插入的音频文件后，单击音频文件图标下的【播放】按钮 ▶ 即可播放音频。

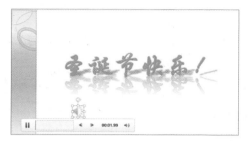

②单击【播放】按钮

在【音频工具】➤【播放】选项卡中的【预览】组中单击【播放】按钮即可播放插入的音频文件。

5.3.2 设置播放效果

演讲时，我们可以将音频设置为在显示幻灯片时自动开始播放、在单击鼠标时开始播放或播放演示文稿中的所有幻灯片，甚至可以循环播放音频直至结束。

①选择【高】选项

选中幻灯片中添加的音频文件，可以在【音频工具】➤【播放】选项卡的【音频选项】组中单击【音量】下三角按钮，在弹出的列表中选择【高】选项。

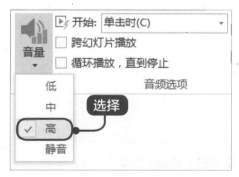

②选择【自动】选项

单击【开始】后的下三角按钮，弹出的下拉列表中包括【自动】、【单击时】和【跨幻灯片播放】3 个选项。这里选择【自动】选项，将音频设置为在显示幻灯片时自动开始播放。

③设置播放

单击选中【放映时隐藏】复选框，可以在放映幻灯片时将音频图标隐藏，直接根据设置播放。

④循环播放

同时单击选中【循环播放，直到停止】和【播完返回开头】复选框可以使该音频文件循环播放。

5.3.3 添加淡入淡出效果

在演示文稿中添加音频文件后，除了可以设置播放选项，还可以在【音频工具】➤【播放】选项卡的【编辑】组中为音频文件添加淡入和淡出的效果。

在【淡化持续时间】区域的【淡入】文本框中输入数值，可以在音频开始的几秒钟内使用淡入效果。在【淡出】文本框中输入数值，则可以在音频结束的几秒钟内使用淡出效果。

5.3.4 剪辑音频

插入音频文件后，我们可以在每个音频的开头和末尾处对其进行修剪。这样便可以缩短音频时间以使其与幻灯片的播放相适应。

1 单击【剪裁音频】按钮

在第1张幻灯片中选中插入的音频，然后在【音频工具】➤【播放】选项卡的【编辑】组中单击【剪裁音频】按钮。

2 修剪音频文件

弹出【剪裁音频】对话框，单击对话框中显示的音频起点（最左侧的绿色标记），当鼠标指针显示为双向箭头时，将箭头拖动到所需的音频起始位置处，即可修剪音频文件的起始部分。

3 剪辑结束位置

单击对话框中显示的音频终点（最右侧的红色标记），当鼠标指针显示为双向箭头时，将箭头拖动到所需的音频剪辑结束位置处，即可修剪音频文件的末尾。

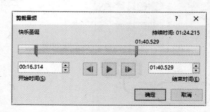

4 单击【确定】按钮

单击对话框中的【播放】按钮可试听调整效果，单击【确定】按钮即可完成音频的剪裁。

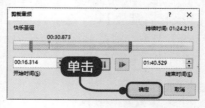

> **提示**
>
> 也可以在【开始时间】微调框和【结束时间】微调框中输入精确的数值来剪裁音频文件。

5.3.5 在音频中插入书签

在为演示文稿添加的音频文件中还可以插入书签以指定音频中的关注点，也可以在放映幻灯片时利用书签快速查找音频中的特定点。

1 单击【播放】按钮

选择音频文件后，单击音频文件图标下的【播放】按钮▶播放音频。

2 单击【添加书签】按钮

在【音频工具】➤【播放】选项卡的

【书签】组中单击【添加书签】按钮，即可为当前时间点的音频剪辑添加书签，书签显示为黄色圆球状。

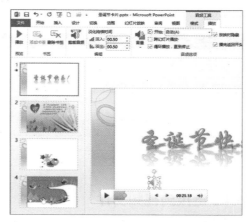

5.3.6 删除音频

若发现插入的音频文件不是想要的，可以将其删除。

在普通视图状态选中插入的音频文件的图标，按【Delete】键即可将该音频文件删除。

5.4 添加视频

本节视频教学时间 / 3 分钟

在 PowerPoint 2013 演示文稿中可以链接外部视频文件或电影文件。本节我们就在圣诞节卡片 PPT 中链接视频文件，添加文件、网站及剪贴画中的视频，并介绍设置视频效果、样式等基本操作。

5.4.1 PowerPoint 2013 支持的视频格式

PowerPoint 2013 支持的视频格式比较多，下表所列视频格式都可以被添加到 PowerPoint 2013 中。

视频文件	视频格式
Windows Media 文件（asf）	*.asf、*.asx、*.wpl、*.wm、*.wmx、*.wmd、*.wmz、*.dvr-ms
Windows 视频文件（avi）	*.avi
电影文件（mpeg）	*.mpeg、*.mpg、*.mpe、*.mlv、*.m2v、*.mod、*.mp2、*.mpv2、*.mp2v、*.mpa
Windows Media 视频文件（wmv）	*.wmv、*.wvx
QuickTime 视频文件	*.qt、*.mov、*.3g2、*.3gp、*.dv、*.m4v、*.mp4
Adobe Flash Media	*.swf

5.4.2 链接到视频文件

PowerPoint 2013 可以链接外部视频文件，通过链接视频，我们可以减小演示文稿的大小。

▉ 选择【PC 上的视频】选项

选择第 3 张幻灯片，在【插入】选项卡的【媒体】组中单击【视频】下三角按钮，在弹出的下拉列表中选择【PC 上的视频】选项。

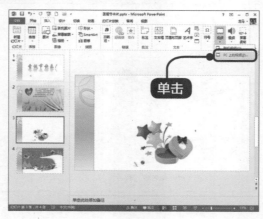

② 单击【插入】按钮

弹出【插入视频文件】对话框，在【查找范围】中找到并选中所需要用的视频文件，这里选择随书光盘中的"素材\ch05\视频.swf"文件，单击【插入】按钮。

④ 调整视频位置

根据需要调整视频的位置及大小，效果如下图所示。

③ 选择视频文件

即可将选择的视频文件插入到幻灯片页面中。

📢 **提示**

在【视频】按钮下拉列表中单击【来自网站的视频】按钮，弹出【从网站插入视频】对话框，直接将播放器链接代码复制文本框中，单击【插入】按钮，所需要的视频文件将直接应用于当前幻灯片中。

5.5 预览视频与设置视频

本节视频教学时间 / 9 分钟

添加视频文件后，可以预览该视频，并可以设置相应效果。

5.5.1 预览视频

在幻灯片中插入视频文件后，可以播放该视频以查看效果。播放视频的方法有以下2种。

（1）选中插入的视频文件后，单击【视频工具】➤【播放】选项卡【预览】组中的【播放】按钮。

(2) 选中插入的视频文件后，单击视频文件图标左下方的【播放】按钮▶即可预览视频。

❶ 单击【播放】按钮

选择第 3 张幻灯片，单击插入的视频文件后，在【播放】选项卡的【预览】组中单击【播放】按钮预览插入的视频

5.5.2 设置视频的颜色效果

在演示文稿中插入视频文件后，还可以对该视频文件进行颜色效果、视频样式及视频播放选项等设置。

❶ 选择插入视频文件

选择插入的视频文件，在【视频工具】▶【格式】选项卡的【调整】组中单击【更正】按钮，在弹出的下拉列表中选择【亮度：0%（正常）对比度：+20%】选项作为视频文件新的亮度和对比度。

文件。

❷ 单击【暂停】按钮

再次单击【暂停】按钮❚❚后，即可开始暂停播放视频。

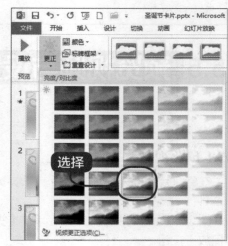

2 效果图

调整亮度和对比度后的效果如下图所示。

5.5.3 设置视频样式

在【视频工具】➤【格式】选项卡的【视频样式】组中可以对插入到演示文稿中的视频的形状、边框及视频的效果等进行设置，以便达到想要的效果。

1 选择视频文件

选择视频文件，在【视频工具】➤【格式】选项卡的【视频样式】组中单击【其他】按钮▾，在弹出的下拉列表中的【中等】区域中选择【旋转，白色】选项作为视频样式。

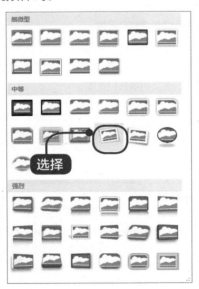

2 单击【视频边框】按钮

在【视频工具】➤【格式】选项卡的【视频样式】组中单击【视频边框】按钮，在弹出的下拉列表中选择视频边框的主题颜色为【绿色，颜色 4，淡色 60%】。

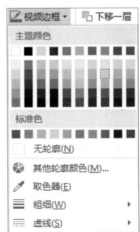

3 单击【视频效果】按钮

在【视频工具】➤【格式】选项卡的【视频样式】组中单击【视频效果】按钮，在弹出的下拉列表中选择【映像】子菜单中的【半映像，8pt 偏移量】映像变体。

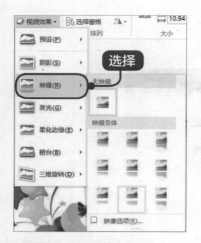

4 **效果图**

调整视频样式后的效果如下图所示。

5.5.4 设置播放选项

演讲时，可以将插入或链接的视频文件设置为在显示幻灯片时自动开始播放，或在单击鼠标时开始播放。

1 **设置音量大小**

选中视频文件后单击【播放】选项卡的【音量】按钮，在弹出的下拉列表中可以设置音量的大小。

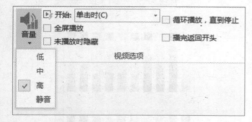

2 **控制启动视频时间**

单击【开始】后的下三角按钮，在弹出的下拉列表中单击【单击时】选项可以通过单击鼠标来控制启动视频的时间。

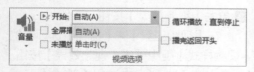

3 **选中【全屏播放】复选框**

单击选中【全屏播放】复选框，可

以全屏播放幻灯片中的视频文件。

4 **视频文件循环播放**

单击选中【循环播放，直至停止】复选框和【播完返回开头】复选框可以使该视频文件循环播放。

> **📢 提示**
>
> 单击选中【未播放时隐藏】复选框，可以将视频文件在未播放时设置为隐藏状态。设置视频文件为未播放时隐藏状态后，需要创建一个自动的动画来启动播放，否则在幻灯片放映的过程中将看不到此视频。

5.5.5 添加淡入淡出效果

添加视频文件后，在【播放】选项卡的【编辑】组中为视频文件添加淡入和淡出的效果。

5.5.6 剪辑视频

在视频的开头和末尾处对视频进行修剪，可以缩短视频时间以使其与幻灯片的播放相适应。

1 单击【剪裁视频】按钮

选择视频文件，单击【视频工具】▷【播放】选项卡的【编辑】组中单击【剪裁视频】按钮。

2 设置视频时间

弹出【剪裁视频】对话框，在该对话框中可以看到视频的持续时间、开始时间及结束时间。

3 修剪视频文件

单击对话框中显示的视频起点（最左侧的绿色标记），当鼠标指针显示为双向箭头时，将箭头拖动到所需的视频起始位置处，即可修剪视频文件的开头部分。

4 修剪视频文件末尾

单击对话框中显示的视频终点（最右侧的红色标记），当鼠标指针显示为双向箭头时，将箭头拖动到所需的视频剪辑结束位置处，即可修剪视频文件的末尾。

提示

可以在【开始时间】微调框和【结束时间】微调框中输入精确的数值来剪裁视频文件。剪辑之后，可以单击【播放】按钮观看调整效果，单击【确定】按钮即可完成视频的剪裁。

5.5.7 在视频中添加标签

在添加到演示文稿的视频文件中可以插入书签以指定视频中的关注点，也可以在放映幻灯片时利用书签直接跳至视频的特定位置。

1 单击【播放】按钮

选择视频文件，单击视频文件下的【播放】按钮播放视频。

2 单击【添加书签】按钮

在【视频工具】➤【播放】选项卡的【书签】组中单击【添加书签】按钮，即可为当前时间点的视频剪辑添加书签，书签显示为黄色圆球状。

提示

添加视频后如果发现不是所需要的，可以删除该视频文件，选中视频文件后直接按【Delete】键即可。

至此，就完成了圣诞节卡片的制作，单击【保存】按钮保存后就可以发给朋友欣赏了。

技巧 ● 优化演示文稿中多媒体的兼容性

　　若要避免 PowerPoint 演示文稿中多媒体（例如视频或音频文件）出现播放问题，可以优化多媒体文件的兼容性，这样就可以轻松地与他人共享演示文稿或将其随身携带到另一个地方后（当要使用其他计算机在其他地方进行演示时）依然顺利播放多媒体文件。

1 单击【优化兼容性】按钮

　　选择包含多媒体文件的幻灯片页面。单击【文件】选项卡，从弹出的下拉菜单中选择【信息】命令，单击窗口右侧显示出的【优化兼容性】按钮。

2 优化多媒体兼容性

　　系统将自动优化媒体兼容性，优化视频文件的兼容性后，【信息】窗口中将不再显示【优化媒体兼容性】选项。

在幻灯片中使用多媒体元素，可以使幻灯片内容更加丰富，也更有感染力。在制作演示文稿时，适当插入一些与幻灯片主题内容一致的多媒体元素，可以达到事半功倍的效果。本章设计的"圣诞节卡片PPT"是一种内容活泼、形式多样、侧重与人交流感情的演示文稿。除此之外，此类演示文稿还包括生日卡片PPT、新年贺卡PPT、新婚请柬PPT等。

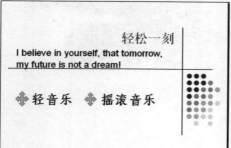

第 6 章

添加超链接和使用动作
——制作绿色城市 PPT

本章视频教学时间 / 21 分钟

🎧 重点导读

PowerPoint 2013 中，通过使用超链接我们可以从一张幻灯片转至非连续的另一张幻灯片。本章将介绍使用创建超链接和创建动作的方法。

📖 学习效果图

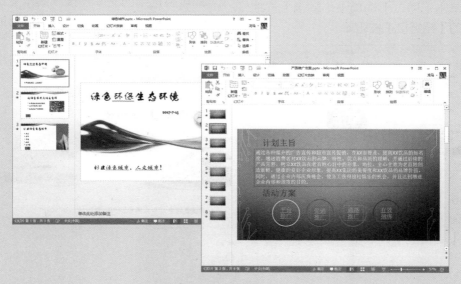

6.1 创建超链接

本节视频教学时间 / 8 分钟

PowerPoint 中，超链接是从一张幻灯片跳到同一演示文稿中不连续的另一张幻灯片的链接。通过超链接，我们也可以从一张幻灯片跳到其他演示文稿中的幻灯片、电子邮件地址、网页以及其他文件等。我们可以对文本或其他对象创建超链接。

6.1.1 链接到同一演示文稿中的幻灯片

将"绿色城市"PPT 中的文字链接到演示文稿的其他位置。

1 打开素材

打开随书光盘中的"素材 \ch06\ 绿色城市 .pptx"文件，在普通视图中选择要用作超链接的文本，如选中文字"绿色城市"。

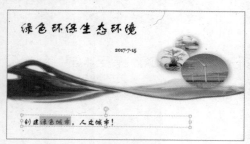

2 单击【超链接】按钮

单击【插入】选项卡【链接】选项组中的【超链接】按钮。

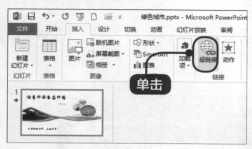

3 单击【确定】按钮

在弹出的【插入超链接】对话框左侧的【链接到】列表框中选择【本文档中的位置】选项，在右侧【请选择文档中的位置】列表中选择【最后一张幻灯片】选项或【幻灯片标题】下方的【创建绿色生态城市】选项，单击【确定】按钮。

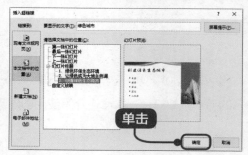

4 添加超链接文本

即可将选中的文本链接到演示文稿中的最后一张幻灯片。添加超链接后的文本以蓝色、下划线字显示，放映幻灯片时，单击添加过超链接的文本即可链接到相应的位置。

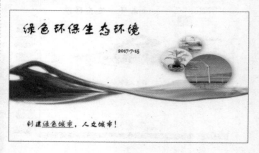

5 将幻灯片链接到另一幻灯片

按【F5】键放映幻灯片，单击创建了超链接的文本"绿色城市"，即可将幻灯片链接到另一幻灯片。

6.1.2 链接到不同演示文稿中的幻灯片

也可以将文本链接到不同演示文稿中。

1 创建链接的文本

打开第 2 张幻灯片，选择要创建链接的文本，如选中文字"环境保护"。

2 单击【超链接】按钮

在【插入】选项卡的【链接】组中单击【超链接】按钮。

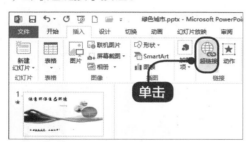

3 单击【书签】按钮

在弹出的【插入超链接】对话框左侧的【链接到】列表框中选择【现有文件或网页】选项，选择随书光盘中的"素材\ch06\环境保护.pptx"文件作为链接到幻灯片的演示文稿，单击【书签】按钮。

4 单击【确定】按钮

在弹出的【在文档中选择位置】对话框中选择幻灯片标题，单击【确定】按钮。

按【F5】快捷键放映幻灯片，单击创建了超链接的文本"环境保护"，即可将幻灯片链接到另一演示文稿中的幻灯片。

5 返回【插入超链接】对话框

返回【插入超链接】对话框。可以看到选择的幻灯片标题也添加到【地址】文本框中，并单击【确定】按钮，即可将选中的文本链接到另一演示文稿中的幻灯片。

📢 提示

【单击鼠标时】复选框和【设置自动换片时间】复选框可以同时单击选中，这样切换时既可以通过单击鼠标切换，也可以在设置的自动切换时间到后切换。

6.1.3 链接到 Web 上的页面或文件

也可以将演示文稿中的文本链接到 Web 上的页面或文件，具体操作方法参考如下。

1 选择第 3 张幻灯片

选择第 3 张幻灯片，在普通视图中选择要用作超链接的文本，如选中文字"花红"。

2 单击【超链接】按钮

在【插入】选项卡的【链接】组中单击【超链接】按钮。

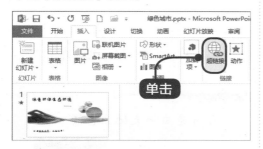

3 单击【浏览 Web】按钮

在弹出的【插入超链接】对话框左侧的【链接到】列表框中选择【现有文件或网页】选项，在【查找范围】文本框右侧单击【浏览 Web】按钮。

4 单击【确定】按钮

在弹出的网页浏览器中打开要链接到的网页，然后单击【插入超链接】对话框中的【确定】按钮。如链接到百度首页。

5 插入超链接

此时【插入超链接】对话框的【地址】文本框中显示了刚链接到的百度首页地址。

6 效果图

单击【确定】按钮，即可将选中的文本链接到 Web 页面上。

6.1.4 链接到电子邮件地址

将文本链接到电子邮件地址的具体操作方法如下。

1 单击【超链接】按钮

选择第 2 张幻灯片，在普通视图中选择要用作超链接的文本，如选中文字"绿色生态"。

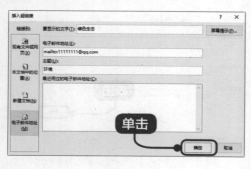

② 单击【确定】按钮

单击【超链接】按钮，在弹出的【插入超链接】对话框左侧的【链接到】列表框中选择【电子邮件地址】选项，在【电子邮件地址】文本框中输入要链接到的电子邮件地址，在【主题】文本框中输入电子邮件的主题"环境"，单击【确定】按钮。

提示

也可以在【最近用过的电子邮件地址】列表框中单击电子邮件地址。

③ 选中文本链接

将选中的文本链接到指定的电子邮件地址。

④ 将幻灯片链接到电子邮件

按【F5】快捷键放映幻灯片，单击创建了超链接的文本"绿色生态"，即可将幻灯片链接到电子邮件。

6.1.5 链接到新文件

将文本链接到新文件的具体操作方法如下。

① 选择第 2 张幻灯片

选择第 2 张幻灯片，在普通视图中选择要用作超链接的文本，如选中文字"生态建设"。

2 单击【超链接】按钮

在【插入】选项卡的【链接】组中单击【超链接】按钮。

3 单击【确定】按钮

在弹出的【插入超链接】对话框左侧的【链接到】列表框中选择【新建文档】选项，在【新建文档名称】文本框中输入要创建并链接到的文件的名称"生态建设"，单击【确定】按钮。

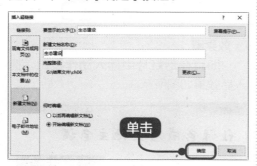

> **提示**
>
> 如果要在另一位置创建文档，可在【完整路径】区域单击【更改】按钮，在弹出的【新建文档】对话框中选择要创建文件的位置，然后单击【确定】按钮。

4 效果图

即可创建一个新的名称为"生态建设"的演示文稿。

6.2 创建动作

本节视频教学时间 / 4 分钟

PowerPoint 中，可以为幻灯片、幻灯片中的文本或对象创建超链接到幻灯片中，也可以创建动作到幻灯片中。

6.2.1 创建动作按钮

创建动作按钮的具体操作方法如下。

1 选择第 2 张幻灯片

打开要绘制动作按钮的幻灯片，这里选择第 2 张幻灯片。

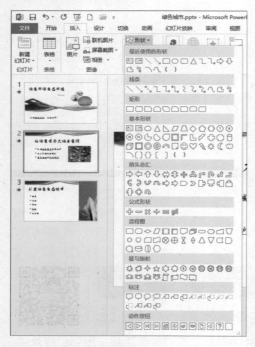

2 单击【形状】按钮

在【插入】选项卡的【插图】组中单击【形状】按钮，在弹出的下拉列表中选择【动作按钮】区域的【动作按钮：后退或前一项】图标。

3 单击【确定】按钮

在幻灯片的左下角单击并拖曳到适当位置处，弹出【操作设置】对话框。选择【单击鼠标】选项卡，在【单击鼠标时的动作】区域中单击选中【超链接到】单选按钮，并在其下拉列表中选择【上一张幻灯片】选项，单击【确定】按钮。

4 效果图

即可在幻灯片中插入动作按钮，插入后效果如图所示。

5 添加动作按钮

重复上述步骤，为第3张幻灯片添加动作按钮，并超链接到第1张幻灯片。

6 返回第 1 张幻灯片

按【F5】键放映幻灯片，在幻灯片中单击动作按钮即可实现相应操作。如单击第 3 张幻灯片的按钮即可返回第 1 张幻灯片。

6.2.2 为文本或图形添加动作

向幻灯片中的文本或图形添加动作按钮的具体操作方法如下。

1 选择"人文城市"

切换到第 1 张幻灯片，选中要添加动作的文本，如选择"人文城市"。

2 单击【动作】按钮

在【插入】选项卡的【链接】组中单击【动作】按钮。

3 单击【确定】按钮

在弹出的【操作设置】对话框中选择【单击鼠标】选项卡，在【单击鼠标时的动作】区域中单击选中【超链接到】单选按钮，并在其下拉列表中选择【最后一张幻灯片】选项，单击【确定】按钮。

④ 效果图

即可完成为文本添加动作按钮的操作。添加动作后的文本以蓝色、下划线字显示，放映幻灯片时，单击添加过动作效果的文本即可实现相应的操作。

6.3 设置鼠标单击动作和经过动作

本节视频教学时间 / 5 分钟

通过【操作设置】对话框可以设置鼠标单击动作和鼠标经过动作。

6.3.1 设置鼠标单击动作

在【操作设置】对话框中选择【单击鼠标】选项卡，在其中可以设置单击鼠标时的动作。

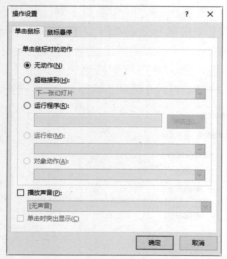

设置单击鼠标时的动作，可以单击对话框中的【无动作】、【超链接到】和【运行程序】。单击选中【无动作】单选按钮，即不添加任何动作到幻灯片的文本或对象。单击选中【超链接到】

单选按钮，可以从其下拉列表中选择要链接到的对象。

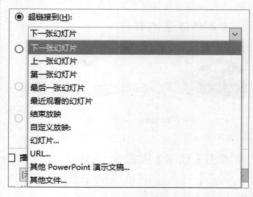

单击选中【运行程序】单选按钮时，单击【浏览】按钮，在弹出的【选择一个要运行的程序】对话框中可以选择要链接到的对象。

单击选中【播放声音】复选框时，可以为创建的鼠标单击动作添加播放声音。

6.3.2 设置鼠标经过动作

选择【操作设置】对话框中的【鼠标悬停】选项卡，在该对话框中可设置鼠标经过时的动作。其设置方法和设置鼠标单击动作方法相同。

1 选择"环保"

在第1张幻灯片中，选中要添加动作的文本，如选择"环保"。

2 单击【动作】按钮

在【插入】选项卡的【链接】组中单击【动作】按钮。

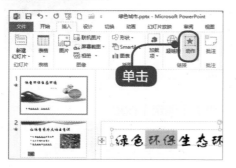

3 选中【超链接到】单选按钮

在弹出的【操作设置】对话框中选择【单击鼠标】选项卡，在【单击鼠标时的动作】区域中单击选中【超链接到】单选按钮。

4 选择【其他 PowerPoint 演示文稿】选项

在【超链接到】下拉列表中选择【其他 PowerPoint 演示文稿】选项。

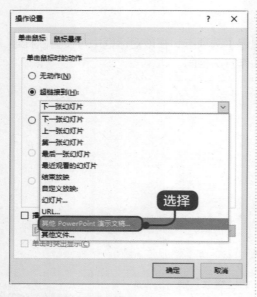

5 单击【确定】按钮

在弹出的【超链接到其他 PowerPoint 演示文稿】对话框中选择需要链接的演示文稿"素材\ch06\环境保护.pptx",单击【确定】按钮。

6 选择首页幻灯片

在弹出的【超链接到幻灯片】对话框的【幻灯片标题】列表框中选择要链接的幻灯片,如选择首页幻灯片,单击【确定】按钮。

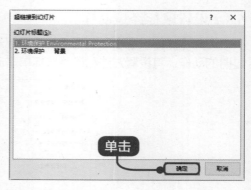

7 设置文本动作

返回【动作设置】对话框后再次单击【确定】按钮,完成播放幻灯片时单击该文本的动作设置,即该文本到其他演示文稿的链接。

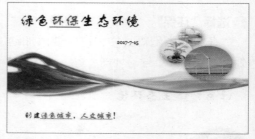

8 选择幻灯片中的文字

选择第2张幻灯片中的"示范城市"文字。

9 单击【确定】按钮

单击【动作】按钮,在弹出的【操作设置】对话框中超链接到演示文稿"素

材 \ch06\ 环境保护 .pptx"，单击【确定】按钮。

10 效果图

返回到幻灯片中即可查看设置效果。

高手私房菜

技巧 ● 在 PowerPoint 演示文稿中创建自定义动作

PPT 演示文稿中经常要用到链接功能，这一功能既可以通过使用超链接实现，也可以使用【动作按钮】功能来实现。

下面，我们建立一个"服务宗旨"按钮，以链接到第 6 张幻灯片上。

1 打开素材

打开随书光盘中的"素材 \ch06\ 公司简介 .pptx"文件，打开要创建自定义动作按钮的幻灯片。

2 单击【形状】按钮

在【插入】选项卡的【插图】组中单击【形状】按钮，在弹出的下拉列表中选择【动作按钮】区域的【动作按钮：自定义】图标。

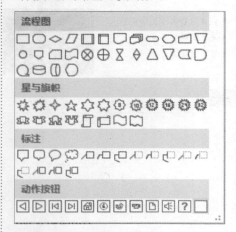

3 选择【幻灯片】选项

在幻灯片的左下角单击并拖曳到适当位置处，弹出【操作设置】对话框。选择【单击鼠标】➤【单击鼠标时的动作】➤【超链接到】➤【幻灯片】选项。

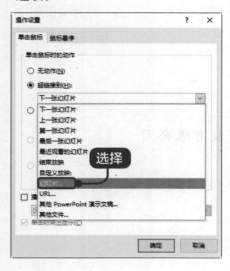

4 单击【确定】按钮

弹出【超链接到幻灯片】对话框，在【幻灯片标题】下拉列表中选择【服务宗旨】选项，单击【确定】按钮。

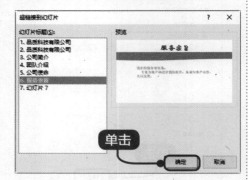

5 选择【服务宗旨】选项

在【操作设置】对话框中可以看到【超链接到】文本框中显示了【服务宗旨】选项，单击【确定】按钮。

6 输入文字

在幻灯片中创建的动作按钮中输入文字"服务宗旨"。

7 设置字体

选中文字"服务宗旨",在【开始】选项卡【字体】组中设置字体为"方正舒体"、字号为"32",并设置为加粗。

8 选择【大小和位置】选项

选中创建的自定义按钮的边框,单击鼠标右键,在弹出的快捷菜单中选择【大小和位置】选项。

9 单击【关闭】按钮

弹出【设置形状格式】对话框,在【大小】区域中设置其尺寸的高度和宽度分别为"1.8 厘米"和"6.5 厘米",并在【位置】区域中设置其在幻灯片上的水平和垂直位置分别为"16.5 厘米"和"16.5 厘米"。单击【关闭】按钮,完成自定义动作按钮的创建。

10 效果图

在放映幻灯片时,单击该按钮即可直接切换到第 6 张幻灯片。

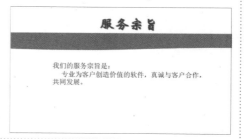

举一反三

　　超链接不但可以链接到其他演示文稿中，还可以链接到同一演示文稿中的不同幻灯片，或者是其他文件、网页等。创建动作可以使演示文稿在播放时更加生动形象。通过本章的学习，还可以创建传播方案 PPT、销售会议等 PPT 演示文稿。

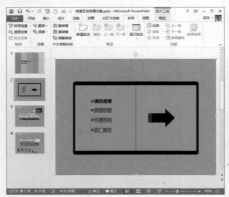

第 7 章

为幻灯片添加切换效果
——修饰公司简介幻灯片

本章视频教学时间 / 11 分钟

重点导读

幻灯片演示的优点之一是用户可以在幻灯片之间增加切换效果，如淡化、渐隐或擦除等。添加合适的切换效果能更好地展示幻灯片的内容。

学习效果图

7.1 添加文本元素切换效果

本节视频教学时间 / 1 分钟

幻灯片切换效果是指在放映期间，一张幻灯片切换到下一张幻灯片时在【幻灯片放映】视图中出现的动画效果。这可以使幻灯片的放映更生动。

7.1.1 添加细微型切换效果

细微型切换效果是幻灯片切换效果的一种，主要包括切出、淡出、推进、擦除等效果。为幻灯片添加细微型切换效果的具体操作方法如下。

1 打开素材

打开随书光盘中的"素材 \ch07\ 公司简介 .pptx"文件，并切换到普通视图模式，单击演示文稿中要添加切换效果的幻灯片。

2 单击【其他】按钮

在【切换】选项卡的【切换到此幻灯片】组中单击【其他】按钮。

3 添加分割切换效果

在弹出的下拉列表的【细微型】区

域中选择一个细微型切换效果，如选择【分割】选项，即可为选中的幻灯片添加分割的切换效果。

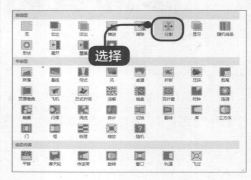

4 效果图

添加过细微型分割效果的幻灯片在放映时即可显示此切换效果，下面是切换效果时的部分截图。

7.1.2 添加华丽型切换效果

在 7.1.1 节为幻灯片添加细微型切换效果的基础上，继续为幻灯片添加华丽型切换效果。为幻灯片添加华丽型切换效果的具体操作方法如下。

1 选择【涟漪】切换效果

单击演示文稿中的一张幻灯片缩略图，然后在【切换】选项卡的【切换到此幻灯片】组中单击【其他】按钮▼，在【华丽型】区域中选择一个切换效果，如选择【涟漪】切换效果。

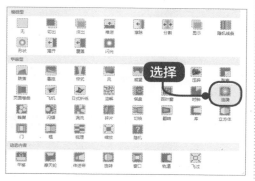

2 效果图

添加过华丽型涟漪效果的幻灯片在放映时即可显示此切换效果，下面是切换效果时的部分截图。

7.1.3 添加动态切换效果

动态切换效果主要包括平移、摩天轮、传递带、旋转、窗口、轨道以及飞过等效果。为幻灯片添加动态型切换效果的具体操作方法如下。

1 选择【旋转】切换效果

单击演示稿中的一张幻灯片缩略图，然后在【切换】选项卡的【切换到此幻灯片】组中单击【其他】按钮▼，在【动态内容】区域中选择一个切换效果，如选择【旋转】切换效果。

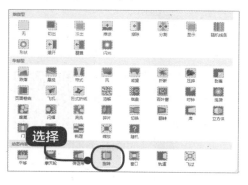

2 效果图

添加过动态型旋转效果的幻灯片在放映时即可显示此切换效果，下面是切换效果时的部分截图。

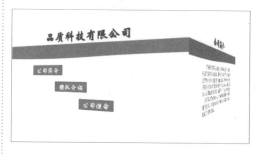

7.1.4 全部应用切换效果

如果演示文稿中的所有幻灯片要应用相同的切换效果，我们可以在【切换】选项卡的【计时】组中单击【全部应用】按钮来实现。

1 选择【翻转】切换效果

单击演示文稿中的一张幻灯片缩略图，然后在【切换】选项卡的【切换到此幻灯片】组中单击【其他】按钮 ，在【华丽型】区域中选择一个切换效果，如选择【翻转】切换效果。

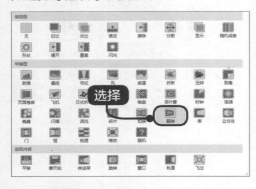

2 单击【全部应用】按钮

在【切换】选项卡的【计时】组中单击【全部应用】按钮，即可为所有的幻灯片使用设置的切换效果。

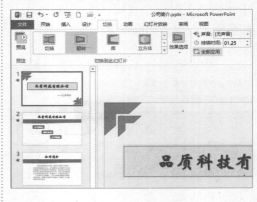

7.1.5 预览切换效果

为幻灯片设置切换效果后，除了可以在放映演示文稿时观看切换的效果，还可以在设置切换效果后直接预览。

预览切换效果的具体操作方法：选中设置过切换效果的幻灯片，在【切换】选项卡的【预览】组中单击【预览】按钮，即可预览切换效果。

7.2 设置切换效果

本节视频教学时间 / 5 分钟

为幻灯片添加切换效果后，我们可以设置切换效果的持续时间并添加声音，还可以对切换效果的属性进行自定义。

7.2.1 更改切换效果

添加切换效果之后，如果达不到预想状态，可以更改幻灯片的切换效果。

1 选择【切换】切换效果

单击演示文稿中的第 5 张幻灯片缩略图，然后在【切换】选项卡的【切换到此幻灯片】组中单击【其他】按钮，在【华丽型】区域中选择一个切换效果，如选择【切换】切换效果。

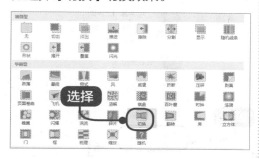

2 选择【立方体】切换效果

重复上面的操作，从下拉列表中为此幻灯片设置新的切换效果，如选择【华丽型】区域的【立方体】切换效果。

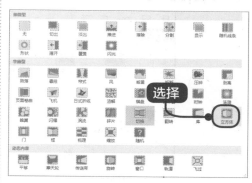

提示

要更改演示文稿中所有幻灯片的切换效果，在重复上述更改切换效果后，要单击【切换】选项卡【计时】组中的【全部应用】按钮。

7.2.2 设置切换效果的属性

PowerPoint 2013 中的部分切换效果具有可自定义的属性，我们可以对这些属性进行自定义设置。

1 单击演示文稿

在普通视图状态下，单击演示文稿中的第 5 张幻灯片缩略图。

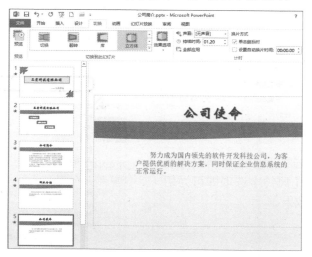

2 单击【效果选项】按钮

在【切换】选项卡的【切换到此幻灯片】组中单击【效果选项】按钮。从弹出的下拉列表中选择其他选项可以更改切换效果的切换起始方向，如要将默认的【自右侧】更改为【自顶部】效果即可。

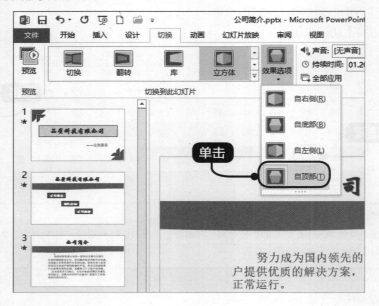

7.2.3 为切换效果添加声音

如果想使切换效果更生动，我们可以为其添加声音效果。具体操作方法如下。

1 单击【声音】按钮

单击演示文稿中的第 5 张幻灯片缩略图，然后在【切换】选项卡的【计时】组中单击【声音】按钮。

2 添加风铃效果

从弹出的下拉列表中选择需要的声音效果，如选择【风铃】选项即可为切换效果添加风铃效果。

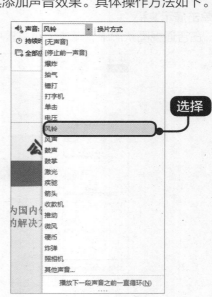

③ 选择【其他声音】选项

也可以从弹出的下拉列表中选择【其他声音】选项来添加自己想要的效果。

④ 单击【确定】按钮

弹出【添加音频】对话框，在该对话框中查找并选中要添加的音频文件，单击【确定】按钮。

7.2.4 设置效果的持续时间

切换幻灯片时，用户可以为其设置持续时间从而控制切换速度，这样更便于查看幻灯片的内容。具体操作方法如下。

1 调整持续时间

单击演示文稿中的一张幻灯片，在【切换】选项卡的【计时】组中单击【持续时间】微调框即可调整持续时间。

2 更改持续时间

此外，也可以在【持续时间】文本框中输入所需的速度。如输入"2.5"即可将持续时间的速度更改为"02.50"。

7.3 设置切换方式

本节视频教学时间 / 4分钟

可以设置幻灯片的切换方式，以便放映演示文稿时使幻灯片按照需要的切换方式进行切换。切换演示文稿中的幻灯片包括单击鼠标时切换和设置自动换片时间两种切换方式。

在【切换】选项卡的【计时】组单击【换片方式】区域可以设置幻灯片的切换方式。单击选中【单击鼠标时】复选框，可以设置单击鼠标来切换放映演示文稿中幻灯片的切换方式。

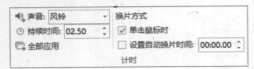

也可以单击选中【设置自动换片时间】复选框，在【设置自动换片时间】文本框中输入自动换片的时间以自动设置幻灯片的切换。

下面通过具体的实例介绍设置切换方式的具体操作方法。

1 选择演示文稿

选择演示文稿中的第 2 张幻灯片。

2 选中【单击鼠标时】复选框

在【切换】选项卡的【计时】组的【换片方式】区域中，单击选中【单击鼠标时】复选框，即可设置在该张幻灯片中单击鼠标时切换至下一张幻灯片。

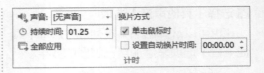

3 选择第 3 张幻灯片

选择第 3 张幻灯片。

4 设置自动换片时间

在【切换】选项卡的【计时】组的【换片方式】区域撤选【单击鼠标时】复选框，单击选中【设置自动换片时间】复选框，并设置换片时间为 5 秒。同样方法，可以设置其他幻灯片页面的切换方式。

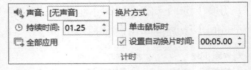

> **提示**
> 【单击鼠标时】复选框和【设置自动换片时间】复选框可以同时单击选中，这样切换时既可以单击鼠标切换，也可以按设置的自动切换时间切换。

高手私房菜

技巧 ● 切换声音持续循环播放

不但可以为切换效果添加声音，还可以使切换的声音持续循环播放直至幻灯片放映结束。具体操作方法如下。

1 选择【鼓掌】效果

打开"公司简介.pptx"文件，选择第1张幻灯片，然后在【切换】选项卡的【计时】组中单击【声音】按钮，在下拉列表中选择【鼓掌】效果。

2 单击【声音】按钮

再次在【切换】选项卡的【计时】组中单击【声音】按钮，从弹出的下拉列表中单击选中【播放下一段声音之前一直循环】复选框。播放幻灯片时，该声音即在下一段声音出现前循环播放。

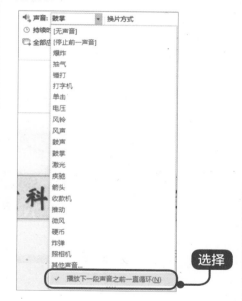

举一反三

在为演示文稿添加切换效果时，除了个人喜好外，也必须同时考虑到前后幻灯片切换方式的衔接、换片方式与换片声音的搭配，甚至幻灯片的风格、使用场合等因素。如生日卡片PPT、元旦祝福PPT等演示文稿中就可以添加一些相对比较随意、活泼的切换方式，而工作PPT、演讲大纲PPT等一些在正式场合使用的演示文稿，就要考虑为演示文稿添加一些比较简单、自然的切换方式。

第 8 章

幻灯片演示——放映员工培训 PPT

本章视频教学时间 / 31 分钟

🎧 重点导读

我们制作的 PPT 主要是用来给观众进行演示的，制作好的幻灯片通过检查之后就可以直接进行播放使用了。掌握幻灯片播放的方法与技巧并灵活使用，可以达到意想不到的效果。本章主要介绍 PPT 的演示原则与技巧、PPT 的演示操作等方法。

📖 学习效果图

8.1 幻灯片演示原则与技巧

本节视频教学时间 / 13 分钟

在介绍 PPT 的演示之前，先来介绍 PPT 演示应遵循的原则和一些演示技巧，以便在演示 PPT 时灵活操作。

8.1.1 PPT 的演示原则

为了让制作的 PPT 更加出彩，效果更加满意，既要关注 PowerPoint 制作的要领，也要遵循 PPT 的演示原则。

1. 10 种使用 PowerPoint 的方法

(1) 采用强有力的材料支持演示者的演示。

(2) 简单化。最有效的 PPT 很简单，只需要易于理解的图表和反映演讲内容的图形。

(3) 最小化幻灯片数量。PPT 的魅力在于能够以简明的方式传达观点和支持演讲者的评论，因此幻灯片的数量并不是越多越好。

(4) 不要照念 PPT。演示文稿与扩充性和讨论性的口头评论搭配才能达到最佳效果，而不是照念屏幕上的内容。

(5) 安排评论时间。在展示新幻灯片时，先要给观众阅读和理解幻灯片内容的机会，然后再加以评论，拓展并增补屏幕内容。

(6) 要有一定的间歇。PPT 是口头评语最有效的视觉搭配。经验丰富的 PPT 演示者会不失时机地将屏幕转为空白或黑屏，这样不仅可以带给观众视觉上的休息，还可以有效地将注意力集中到更需要口头强调的内容中，例如分组讨论或问答环节等。

(7) 使用鲜明的颜色。文字、图表和背景颜色的强烈反差在传达信息和情感方面是非常有效的，恰当地运用鲜明的颜色，在传达演示意图时会起到事半功倍的效果。

(8) 导入其他影像和图表。使用外部影像（如视频）和图表能增强多样性和视觉吸引力。

(9) 演示前要严格编辑。在公众面前演示幻灯片前，一定要严格编辑，因为这是完善总体演示效果的好机会。

(10) 在演示结尾分发讲义，而不是在演示过程中。这样有利于集中观众的注意力，从而充分发挥演示文稿的意义。

2. PowerPoint 的 10/20/30 原则

PPT 的演示原则在这里我们总结为 PowerPoint 的 10/20/30 原则。

简单地说，PowerPoint 的 10/20/30 原则，就是一个 PowerPoint 演示文稿，应该只有 10 页幻灯片，持续时间不超过 20 分钟，字号不小于 30 磅。这一原则可适用于任何能达成协议的陈述，如募集资本、推销、建立合作关系等。

(1) PPT 演示原则——10。

10，是 PowerPoint 演示中最理想的幻灯片页数。一个普通人在一次会议里不可能理解 10 个以上的概念。这就要求在制作演示文稿的过程中要做到让幻灯片一目了然，包括文字内容要突出关键、化繁为简等。简练的说明在吸引观众的眼球和博取听众的赞许方面是很有帮助的。

(2) PPT 演示原则——20。

20，是指必须在 20 分钟里介绍你的 10 页 PPT。事实上很少有人能在很长时间内保持注意力集中，你必须抓紧时间。在一个完美的情况下，你在 20 分钟内完成你的介绍，就可以留下较多点的时间进行讨论。

(3) PPT 演示原则——30。

30，是指 PPT 文本内容的文本字号尽可能大。

大多数 PPT 都使用不超过 20 磅字体的文本，并试图在一页幻灯片里挤进尽可能多的文本。每页幻灯片里都挤满字号很小的文本，一方面说明演示者对自己的材料不够熟悉，另一面说明文本无说服力。这样的话往往抓不住观众的眼球，让人没有主次的感觉，同时也无法锁住观众的注意力。

因此在制作演示文稿的时候，要考虑在同一页幻灯片里不要使用过多的文本，且用于演示的 PPT 字号不要太小。最好使用雅黑、黑体、幼圆和 Arial 等这些笔画比较均匀的字体，用起来比较放心。

8.1.2 PPT 的演示技巧

一个好的 PPT 演讲不是源于自然、有感而发，而是需要演讲者的精心策划与细致的准备，同时必须对 PPT 演讲的技巧有所了解。

1. PowerPoint 自动黑屏

在使用 PowerPoint 进行报告时，有时候需要进行互动讨论，这时为了避免屏幕上的图片或小动画影响观众的注意力，可以按一下键盘中的【B】键，此时屏幕将会黑屏，待讨论完后再按一下【B】键即可恢复正常。

也可以在播放的演示文稿中单击鼠标右键，在弹出的快捷菜单中选择【屏幕】菜单命令，然后在其子菜单中选择【黑屏】或【白屏】命令。

退出黑屏或白屏时，也可以在转换为黑屏或白屏的页面上单击鼠标右键，在弹出的快捷菜单中选择【屏幕】菜单命令，然后在其子菜单中选择【屏幕还原】命令即可。

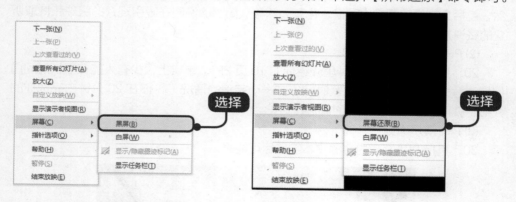

2. 快速定位放映中的幻灯片

在播放 PowerPoint 演示文稿时，如果要快进到或退回到第 5 张幻灯片，可以按下数字【5】键，然后再按下【Enter】键即可。

若要从任意位置返回到第 1 张幻灯片，同时按下鼠标左右键并停留 2 秒钟以上即可。

3. 在放映幻灯片时显示快捷方式

在放映幻灯片时，如果想用快捷键，但一时又忘了快捷键的操作，可以按下【F1】键（或【SHIFT+?】组合键），在弹出的【幻灯片放映帮助】对话框中显示快捷键的操作提示。

4. 让幻灯片自动播放

要让 PowerPoint 的幻灯片自动播放，而非打开 PPT 再播放，方法是打开文稿前将该文件的扩展名从 .pptx 改为 .pps 后，双击打开即可。此方法避免了先打开文件才能进行播放的情况。

在将扩展名从 .pptx 改为 .pps 时，会弹出【重命名】对话框，提示是否确实要更改，单击【是】按钮即可。

5. 保存特殊字体

为了获得好的效果，人们通常会在幻灯片中使用一些非常漂亮的字体，可是将幻灯片复制到演示现场进行播放时，这些字体变成了普通字体，甚至还因字体而导致格式变得不整齐，严重影响演示效果。

在 PowerPoint 中可以同时将这些特殊字体保存下来以供使用。

单击【文件】选项卡，在弹出的下拉菜单中选择【另存为】菜单命令，弹出【另存为】对话框。在该对话框中单击【工具】按钮，从弹出的下拉列表中选择【保存选项】选项。

117

在弹出的【PowerPoint 选项】对话框中勾选【将字体嵌入文件】复选框，然后根据需要单击选中【仅嵌入演示文稿中使用的字符（适于减小文件大小）】或【嵌入所有字符（适于其他人编辑）】单选项，最后单击【确定】按钮保存该文件即可。

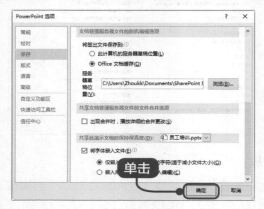

8.2 演示方式

本节视频教学时间 / 7 分钟 🎬

在 PowerPoint 2013 中，演示文稿的放映类型包括演讲者放映、观众自行浏览和在展台浏览等 3 种。

具体演示方式的设置可以通过单击【幻灯片放映】选项卡【设置】组中的【设置幻灯片放映】按钮，然后在弹出的【设置放映方式】对话框中进行放映类型、放映选项及换片方式等设置。

8.2.1 演讲者放映

演示文稿放映方式中的演讲者放映方式是指由演讲者一边讲解一边放映幻灯片，此演示方式一般用于比较正式的场合，如专题讲座、学术报告等。

将演示文稿的放映方式设置为演讲者放映的具体操作方法如下。

1 打开素材

打开随书光盘中的"素材 \ch08\ 员工培训 .pptx"文件。单击【幻灯片放映】选项卡【设置】组中的【设置幻灯片放映】按钮。

2 设置演讲者放映方式

弹出【设置放映方式】对话框，在【放映类型】区域中单击选中【演讲者放映（全屏幕）】单选项，即可将放映方式设置为演讲者放映方式。

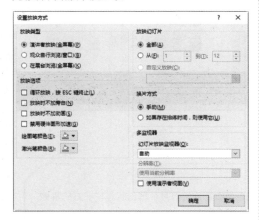

3 勾选【手动】复选框

在【设置放映方式】对话框的【放映选项】区域勾选【循环放映，按 Esc 键终止】复选框，在【换片方式】区域

中勾选【手动】复选框，设置演示过程中换片方式为手动，设置如下图所示。

> **提示**
>
> 勾选【循环放映，按 Esc 键终止】复选框，可以设置在最后一张幻灯片放映结束后，自动返回到第 1 张幻灯片继续放映，直到按下盘上的【Esc】键结束放映。勾选【放映时不加旁白】复选框表示在放映时不播放在幻灯片中添加的声音。勾选【放映时不加动画】复选框表示在放映时原来设定的动画效果将被屏蔽。

4 PPT 的演示

单击【确定】按钮完成设置，按【F5】快捷键即可进行全屏幕的 PPT 演示。如下图所示为演讲者放映方式下的第 2 页幻灯片的演示状态。

> **📢 提示**
>
> 在【换片方式】区域中单击选中【如果存在排练时间，则使用它】单选项，这样多媒体报告在放映时便能自动换页。如果单击选中【手动】单选项，则在放映多媒体报告时，必须单击鼠标才能切换幻灯片。

8.2.2 观众自行浏览

观众自行浏览由观众自己动手使用计算机观看幻灯片。如果希望让观众自己浏览多媒体报告，可以将多媒体报告的放映方式设置成观众自行浏览。

下面介绍观众自行浏览"员工培训"幻灯片的具体操作步骤。

1 单击【确定】按钮

单击【幻灯片放映】选项卡【设置】组中的【设置幻灯片放映】按钮，弹出【设置放映方式】对话框。在【放映类型】区域中单击选中【观众自行浏览（窗口）】单选项；在【放映幻灯片】区域中单击选中【从……到……】单选项，并在第 2 个文本框中输入"4"，设置从第 1 页到第 4 页的幻灯片放映方式为观众自行浏览。

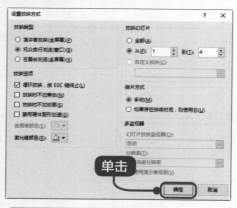

2 结束放映状态

单击【确定】按钮完成设置，按【F5】快捷键进行演示文稿的演示。可以看到设置后的前 4 页幻灯片以窗口的形式出现，并且在最下方显示状态栏。按【Esc】键可结束放映状态。

> **📢 提示**
>
> 单击状态栏中的【下一张】按钮和【上一张】按钮也可以切换幻灯片；单击状态栏右方的其他视图按钮，可以将演示文稿由演示状态切换到其他视图状态。

8.2.3 在展台浏览

在展台浏览放映方式可以让多媒体报告自动放映，而不需要演讲者操作。有些场合需要让多媒体报告自动放映，例如放在展览会的产品展示等。

　　打开演示文稿后，单击【幻灯片放映】选项卡【设置】组中的【设置幻灯片放映】按钮，在弹出的【设置放映方式】对话框的【放映类型】区域中单击选中【在展台浏览（全屏幕）】单选项，即可将演示方式设置为在展台浏览。

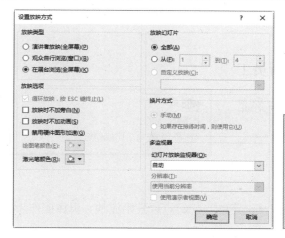

> 🔊 提示
>
> 可以将展台演示文稿设置为当参观者查看完整个演示文稿后或者演示文稿保持闲置状态达到一段时间后，自动返回至演示文稿首页，这样，就不必时刻守着展台了。

8.3 开始演示幻灯片

本节视频教学时间 / 6 分钟

　　默认情况下，幻灯片的放映方式为普通手动放映。读者可以根据实际需要，设置幻灯片的放映方式，如自动放映、自定义放映和排列计时放映等。

8.3.1 从头开始放映

　　放映幻灯片一般是从头开始放映的，从头开始放映的具体操作步骤如下。

1 单击【从头开始】按钮

　　单击【幻灯片放映】选项卡【开始放映幻灯片】组中的【从头开始】按钮。

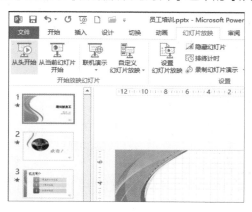

2 切换幻灯片

系统从头开始播放幻灯片，单击鼠标，或按【Enter】键或空格键即可切换到下一张幻灯片。

> **📢 提示**
>
> 按键盘上的上、下、左、右方向键也可以向上或向下切换幻灯片。

8.3.2 从当前幻灯片开始放映

在放映"员工培训"幻灯片时可以从选定的当前幻灯片开始放映，具体操作步骤如下。

1 选中第 3 张幻灯片

选中第 3 张幻灯片，单击【幻灯片放映】选项卡【开始放映幻灯片】组中的【从当前幻灯片开始】按钮。

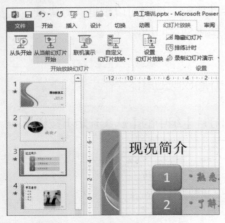

2 切换幻灯片

系统即可从当前幻灯片开始播放幻灯片，按【Enter】键或空格键即可切换到下一张幻灯片。

8.3.3 自定义多种放映方式

利用 PowerPoint 的【自定义幻灯片放映】功能，可以为幻灯片设置多种自定义放映方式。设置"员工培训"演示文稿自动放映的具体操作步骤如下。

1 选择【自定义放映】菜单命令

单击【幻灯片放映】选项卡【开始放映幻灯片】组中的【自定义幻灯片放映】按钮，在弹出的下拉菜单中选择【自定义放映】菜单命令。

2 单击【新建】按钮

弹出【自定义放映】对话框，单击【新建】按钮，弹出【定义自定义放映】对话框。

3 单击【确定】按钮

在【在演示文稿中的幻灯片】列表框中选择需要放映的幻灯片，然后单击【添加】按钮，即可将选中的幻灯片添加到【在自定义放映中的幻灯片】列表框中。单击【确定】按钮，返回到【自

定义放映】对话框。

4 效果图

单击【放映】按钮，可以查看自动放映效果。

8.3.4 放映时隐藏指定幻灯片

在演示文稿中可以将一张或多张幻灯片隐藏，这样在全屏放映幻灯片时就可以不显示此幻灯片。

1 单击【隐藏幻灯片】按钮

选中第 7 张幻灯片，单击【幻灯片放映】选项卡【设置】组中的【隐藏幻灯片】按钮。

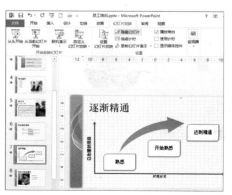

② **隐藏幻灯片**

即可在【幻灯片】窗格的缩略图中看到第7张幻灯片编号显示为隐藏状态，这样在放映幻灯片的时候，第7张幻灯片就会被隐藏起来。

8.4 添加演讲者备注

本节视频教学时间 / 3分钟

使用演讲者备注可以详尽阐述幻灯片中的要点，好的备注既可帮助演示者引领观众的思绪，又可以防止幻灯片上的文本泛滥。

8.4.1 添加备注

创作幻灯片的内容时，可以在【幻灯片】窗格下方的【备注】窗格中添加备注，以便详尽阐述幻灯片的内容。演讲者可以将这些备注打印出来，以供在演示过程中作为参考。

下面介绍在"员工培训"演示文稿中添加备注的具体操作步骤。

① **添加备注**

选中第2张幻灯片，在【备注】窗格中的"单击此处添加备注"处单击，输入如下图所示的备注内容。

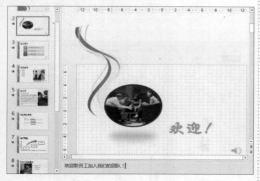

② **增大备注空间**

将鼠标指针指向【备注】窗格的上边框，当指针变为↕形状后，向上拖动边框以增大备注空间。

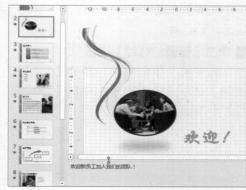

8.4.2 使用演示者视图

为演示文稿添加备注后，为观众放映幻灯片时，演示者可以使用演示者视图在另一台监视器上查看备注内容。

在使用演示者视图放映时，演示者可以通过预览文本浏览到下一次单击显示在屏幕上的内容，并可以将演讲者备注内容以清晰的大字显示，以便演示者查看。

> **提示**
>
> 使用演示者视图，必须保证进行演示的计算机上能够支持两台以上的监视器，且 PowerPoint 对于演示文稿最多支持使用两台监视器。

勾选【幻灯片放映】选项卡【监视器】组中的【使用演示者视图】复选框，即可使用演示者视图放映幻灯片。

8.5 让 PPT 自动演示

本节视频教学时间 / 2 分钟

在公众场合进行 PPT 的演示之前需要掌握好 PPT 演示的时间，以便达到整个展示或演讲预期的效果。

8.5.1 排练计时

作为演示文稿的制作者，在公共场合演示时需要掌握好演示的时间，为此需要测定幻灯片放映时的停留时间。对"员工培训"演示文稿排练计时的操作步骤如下。

1 打开素材

打开素材后，单击【幻灯片放映】选项卡【设置】组中的【排练计时】按钮。

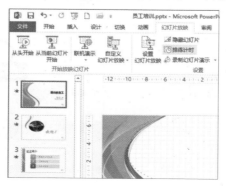

2 设置排练时间

系统会自动切换到放映模式，并弹出【录制】对话框，在【录制】对话框上会自动计算出当前幻灯片的排练时间，时间的单位为秒。

> **📢 提示**
>
> 如果对演示文稿的每一张幻灯片都需要"排练计时"，则可以定位于演示文稿的第 1 张幻灯片中。

3 查看排练时间

在【录制】对话框中可看到排练时间，如下图所示。

4 单击【是】按钮

排练完成后，系统会显示一个警告的消息框，显示当前幻灯片放映的总共时间，单击【是】按钮，完成幻灯片的排练计时。

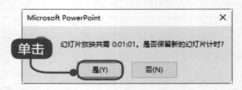

> **📢 提示**
>
> 通常在放映过程中，需要临时查看或跳到某一张幻灯片时，可通过【录制】对话框中的按钮来实现。
>
> (1)【下一项】：切换到下一张幻灯片。
>
> (2)【暂停】：暂时停止计时后再次单击会恢复计时。
>
> (3)【重复】：重复排练当前幻灯片。

8.5.2 录制幻灯片演示

录制幻灯片演示是 PowerPoint 2013 新增的一项功能，该功能可以记录幻灯片的放映时间，同时，允许用户使用鼠标或激光笔为幻灯片添加注释。也就是制作者对 PowerPoint 2013 一切相关的注释都可以使用录制幻灯片演示功能记录下来，从而大大地提高幻灯片的互动性。

1 选择【从头开始录制】选项

单击【幻灯片放映】选项卡【设置】组中的【录制幻灯片演示】的下拉按钮，在弹出的下拉列表中选择【从头开始录制】或【从当前幻灯片开始录制】选项。本例中选择【从头开始录制】选项。

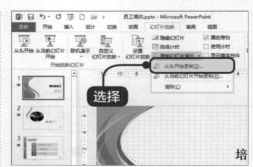

2 单击【开始录制】按钮

弹出【录制幻灯片演示】对话框，该对话框中默认的勾选【幻灯片和动画计时】复选框和【旁白、墨迹和激光笔】复选框。可以选择需要的选项。然后单击【开始录制】按钮，幻灯片开始放映，并自动开始计时。

3 单击【是】按钮

幻灯片放映结束时，录制幻灯片演示也随之结束，并弹出【Microsoft PowerPoint】对话框。

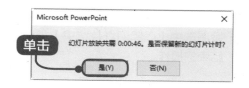

> **提示**
>
> 在【Microsoft PowerPoint】对话框中显示了放映该演示文稿所用的时间。若保留排练时间可单击【是】按钮，若不保留排练时间，可单击【否】按钮。

4 效果图

单击【是】按钮，返回到演示文稿窗口且自动切换到幻灯片浏览视图。在该窗口中显示了每张幻灯片的演示计时时间。

高手私房菜

技巧 ● 取消以黑幻灯片结束

经常要制作并放映幻灯片的朋友都知道，每次幻灯片放映完后，屏幕总会显示为黑屏，如果此时接着放映下一组幻灯片的话，就会影响观赏效果。接下来介绍一下取消以黑幻灯片结束幻灯片放映的方法。

单击【文件】选项卡，从弹出的菜单中选择【选项】选项，弹出【PowerPoint

选项】对话框。选择左侧的【高级】选项卡，在右侧的【幻灯片放映】区域中撤消选中【以黑幻灯片结束】复选框。单击【确定】按钮即可取消以黑幻灯片结束的操作。

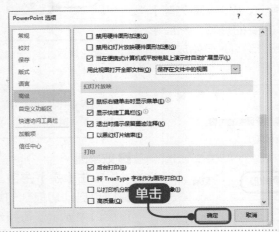

在 PowerPoint 2013 中放映员工幻灯片时，可以根据需要选择放映的方式、添加演讲者备注或者让 PPT 自动演示。通过本章的学习，我们还可以简单设置放映发展战略研讨会 PPT、艺术欣赏 PPT 等。

第 9 章

幻灯片的打印与发布
——打印诗词鉴赏 PPT

本章视频教学时间 /19 分钟

🎧 **重点导读**

通过 PowerPoint 2013 新增的幻灯片分节显示功能可以更好地管理幻灯片。幻灯片除了可在计算机屏幕上作电子展示外，还可以将它们打印出来长期保存。也可以通过发布幻灯片，轻松共享和打印这些文件。

📖 **学习效果图**

9.1 将幻灯片分节显示

本节视频教学时间 / 6 分钟

在 PowerPoint 2013 左侧的幻灯片预览栏中新增分节功能。用户可以通过建立多个节，来方便管理幻灯片，理顺自己的思路。还可以为各个幻灯片章节重新排序或归类。

1 打开素材

打开随书光盘中的"素材 \ch09\ 诗词鉴赏 .pptx"文件，并选择第 3 张幻灯片。

2 选择【新增节】选项

单击【开始】选项卡【幻灯片】组中的【节】按钮，在弹出的下拉列表中选择【新增节】选项。

3 新增节内容

在【幻灯片】窗格中的缩略图中，可以看到第 3 张幻灯片上方显示"无标题节"，第 3 张幻灯片及其下的所有幻灯片成为新增节中的内容，而第 3 张幻灯片之上的所有幻灯片显示为默认节。

4 选择第 5 张幻灯片

选择第 5 张幻灯片，然后重复步骤 2 的操作，即可将第 5 张和第 6 张幻灯片设置为新增节。

5 单击【默认节】

在【幻灯片】窗格中单击【默认节】，即可选择默认节下的第 1、2 张幻灯片。

6 重新命名

单击【开始】选项卡【幻灯片】组中的【节】按钮 ，在弹出的下拉列表中选择【重命名节】选项。然后在弹出的【重命名节】对话框中重新命名即可，如将默认节重命名为"诗词简介"。

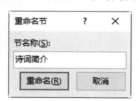

7 重复步骤 5~6

重复步骤 5~6 的操作方法，将另外两个节分别重命名为"作品分析"和"诗词赏析"。

8 单击【展开节】按钮

选择任一幻灯片，单击【开始】选项卡【幻灯片】组中的【节】按钮 ，在弹出的下拉列表中选择【全部折叠】选项，即可将【幻灯片】窗格中的所有节的幻灯片折叠，而只显示为节标题。单击节标题前的【展开节】按钮，即可展开该节标题所包含的幻灯片。

> 📢 提示
>
> 单击【开始】选项卡【幻灯片】组中的【节】按钮 ，在弹出的下拉列表中选择【全部折叠】选项，即可折叠所有节下的幻灯片。

将所有节标题折叠后，在弹出的下拉列表中，可以单击【全部展开】选项，即可展开所有节下的幻灯片。

9 选择【删除节】选项

选择【幻灯片】窗格中缩略图中的第 1 个默认节外的节标题，然后单击【开始】选项卡【幻灯片】组中的【节】按钮，在弹出的下拉列表中选择【删除节】选项，即可删除该节。

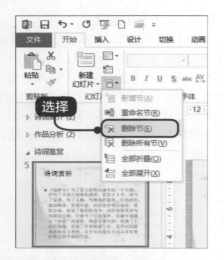

然后单击【开始】选项卡【幻灯片】组中的【节】按钮,在弹出的下拉列表中选择【删除所有节】选项,即可删除所有节。

10 选择【删除所有节】选项

如果要删除演示文稿中的所有节,可以选择含有节标题中的任一幻灯片,

9.2 打印幻灯片

本节视频教学时间 / 2 分钟

幻灯片除了可在计算机屏幕上作电子展示外,还可以将它们打印出来长期保存。PowerPoint 2013 的打印功能非常强大,不仅可以将幻灯片打印到纸上,还可以打印到投影胶片上,通过投影仪来放映。

1 选择【打印】选项

在打开的"诗词鉴赏"演示文稿中,单击【文件】选项卡,在弹出的下拉菜单中选择【打印】选项,弹出打印设置界面。

2 设置纸张大小

单击【打印机属性】按钮，在弹出的对话框中可以设置打印机的属性，选择【基本】选项卡，在弹出的界面中可以设置纸张大小和方向。

3 设置页数和来源

选择【基本】选项卡下方可以设置页数和来源。

4 单击【确定】按钮

选择【高级】选项卡，在弹出的界面中可以设置打印尺寸。设置完成后单击【确定】按钮。

5 选择【打印当前幻灯片】选项

单击【设置】区域中的【打印全部

幻灯片】右侧的下拉按钮，在弹出的下拉菜单中可以设置具体需要打印的页面。例如，本实例选择【打印当前幻灯片】选项。

6 设置打印参数

单击【整页幻灯片】右侧的下拉按钮，在弹出的下拉菜单中可以设置打印的版式、边框和大小等参数。

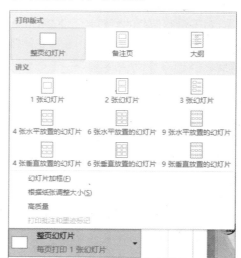

7 设置幻灯片的颜色

单击【调整】右侧的下拉按钮，在弹出的面板中读者可以设置打印顺序，单击【颜色】右侧的下拉按钮，可以设置幻灯片打印时的颜色。

8 单击【打印】按钮

设置完成后单击【打印】按钮即可根据设置打印。

9.3 发布为其他格式

本节视频教学时间 / 7 分钟

利用 PowerPoint 2013 的保存并发送功能可以将演示文稿创建为 PDF 文档、Word 文档或视频，还可以将演示文稿打包为 CD。

9.3.1 创建为 PDF 文档

对于希望保存的幻灯片，不想让他人修改，但希望轻松共享和打印这些文件，此时可以使用 PowerPoint 2013 将文件转换为 PDF 或 XPS 格式，而无需其他软件或加载项。

1 单击【创建 PDF/XPS】按钮

在打开的"诗词鉴赏"演示文稿中，单击【文件】选项卡，在弹出的下拉菜单中选择【导出】选项，在【导出】区域选择【创建 PDF/XPS 文档】选项，并单击右侧的【创建 PDF/XPS】按钮。

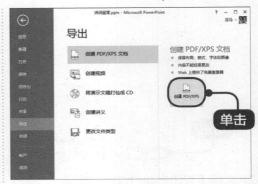

② 选择保存路径

弹出【发布为 PDF 或 XPS】对话框，在【保存位置】文本框和【文件名】文本框中选择保存的路径，并输入文件名称。

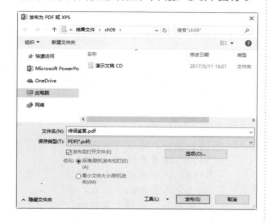

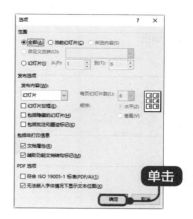

> **提示**
> 在【优化】选项列表中，用户可以根据需要选择创建标准 pdf 文档或者创建最小文件大小。

③ 单击【确定】按钮

单击【发布为 PDF 或 XPS】对话框右下角的【选项】按钮，在弹出的【选项】对话框中设置保存的范围、保存选项和 PDF 选项等参数。

④ 效果图

单击【确定】按钮，返回【发布为 PDF 或者 XPS】对话框，单击【发布】按钮，系统开始自动发布幻灯片文件，发布完成后，自动打开保存的 PDF 文件。

9.3.2 保存为 Word 格式文件

将演示文稿创建为 Word 文档就是将演示文稿创建为可以在 Word 中编辑和设置格式的讲义。下面将"诗词鉴赏"演示文稿保存为 Word 格式文档。

① 单击【创建讲义】按钮

在打开的"诗词鉴赏"演示文稿中，单击【文件】选项卡，在弹出的下拉菜单中选择【导出】选项，在【导出】区域选择【创建讲义】选项，然后在右侧列表中单击【创建讲义】按钮。

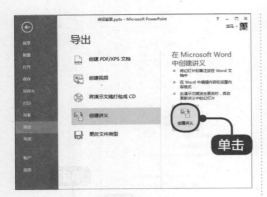

2 单击【确定】按钮

弹出【发送到 Microsoft Word】对话框，在【Microsoft Word 使用的版式】区域中单击选中【只使用大纲】单选项。

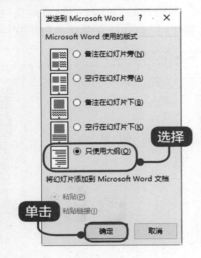

> **提示**
>
> 要转换的演示文稿必须是用 PowerPoint 内置的"幻灯片版式"制作的幻灯片。如果是通过插入文本框等方法输入的字符，是不能实现转换的。

3 自动启动 Word

单击【确定】按钮，系统自动启动 Word，并将演示文稿中的字符转换到 Word 文档中。

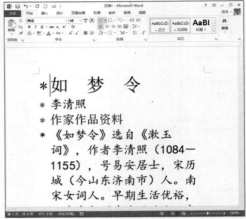

4 创建 Word 文档

在 Word 文档中编辑并保存此讲义，即可完成 Word 文档的创建。

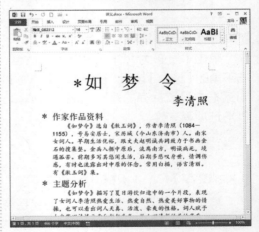

9.3.3 保存为视频格式文档

将演示文稿保存为视频，操作方法也很简单。

1 单击【创建视频】按钮

在【开始】选项卡下【导出】选项中选择【创建视频】菜单命令，并在【放映每张幻灯片的秒数】微调框中，设置放映每张幻灯片的时间，单击【创建视频】按钮。

2 单击【保存】按钮

弹出【另存为】对话框，在【保存位置】和【文件名】文本框中分别设置保存路径和文件名。

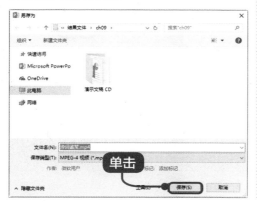

3 自动开始制作视频

设置完成后，单击【保存】按钮，系统自动开始制作视频。此时，状态栏中显示视频的制作进度。

4 查看视频文件

根据文件保存的路径找到制作好的视频文件，可播放查看该视频文件。

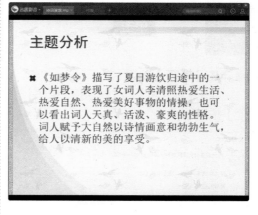

9.4 在没有安装 PowerPoint 的电脑上放映 PPT

本节视频教学时间 / 3 分钟 🎬

如果所使用的计算机上没有安装 PowerPoint 软件，也可以打开幻灯片文档。通过使用 PowerPoint 2013 提供的【打包成 CD】功能，可以实现在任意电脑上播放幻灯片。

1 单击【打包成 CD】按钮

在【开始】选项卡下【导出】选项中选择【将演示文稿打包成 CD】菜单命令，然后单击【打包成 CD】按钮。

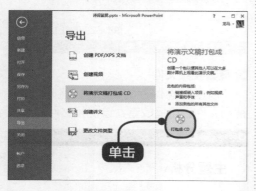

2 单击【选项】按钮

弹出【打包成 CD】对话框，单击【选项】按钮。

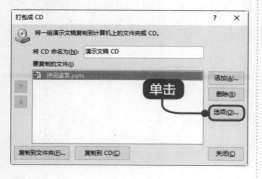

> 📢 提示
>
> 单击【添加】按钮，在弹出的【添加文件】对话框中选择要添加的文件。

3 单击【确定】按钮

在弹出的【选项】对话框中，可以设置要打包文件的安全性等选项，设置密码后单击【确定】按钮，在弹出的【确认密码】对话框中输入两次确认密码。

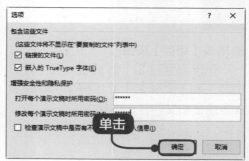

4 设置文件夹名称和保存位置

单击【确定】按钮，返回到【打包成 CD】对话框。单击【复制到文件夹】按钮，在弹出的【复制到文件夹】对话框的【文件夹名称】和【位置】文本框中，分别设置文件夹名称和保存位置。

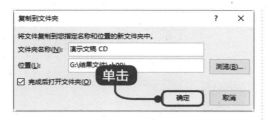

5 单击【是】按钮

单击【确定】按钮，弹出【Microsoft PowerPoint】提示对话框，这里单击【是】按钮，系统开始自动复制文件到文件夹。

6 单击【关闭】按钮

复制完成后，系统自动打开生成的 CD 文件夹。如果所使用计算机上没有安装 PowerPoint，操作系统将自动运行"AUTORUN.INF"文件，并播放幻灯片文件。在【打包成 CD】对话框中，单击【关闭】按钮，完成打包操作。

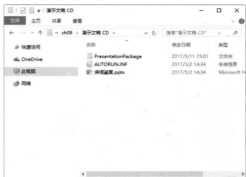

技巧 ● 节约纸张和墨水打印幻灯片

将幻灯片打印出来可以方便校对其中的文字，但如果一张纸只打印出一张幻灯片太浪费了，可以通过设置一张纸打印多张幻灯片来解决此问题。

1 单击【打印】选项

打开需要打印的包含多张幻灯片的演示文稿，单击【文件】➤【打印】选项。

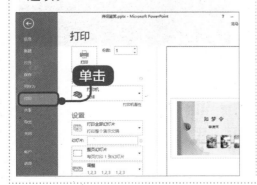

2 单击【6 张水平放置的幻灯片】选项

单击【整页幻灯片】➤【讲义】➤【6 张水平放置的幻灯片】选项，即可在一张纸上打印 6 张水平放置的幻灯片。

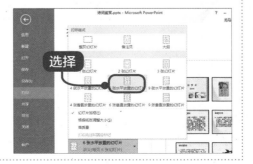

③ 选择【灰度】选项

单击【颜色】右侧的下拉按钮，在弹出的下拉菜单中选择【灰度】选项，可以节省打印墨水。

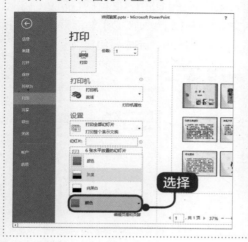

④ 打印文稿纸张和墨水

经过以上打印设置，即可在打印演示文稿时节约纸张和墨水。

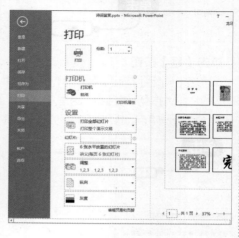

举一反三

PowerPoint 2013 支持将演示文稿打印到纸上，这样在没有投影仪的情况下也可以向观众展示或发布 PPT 演示文稿。通过本章的学习，我们还可以打印一些宣传类的如保护环境、表白等类型的演示文稿。

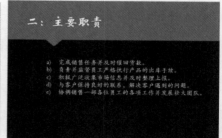

第 10 章

秀出自己的风采——
模板与母版

本章视频教学时间 / 29 分钟

🎧 重点导读

简单来说，模板就是一个框架，我们可以方便地填入内容。在 PPT 中，如果
要修改所有幻灯片标题的样式，只需要在幻灯片的母版中修改即可。

📖 学习效果图

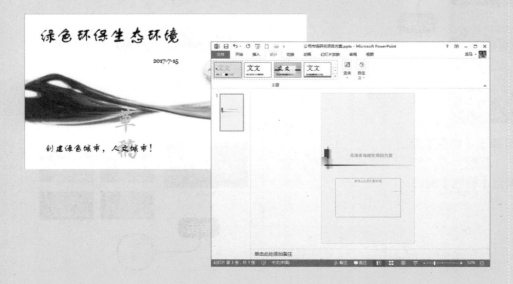

10.1 使用模板

本节视频教学时间 / 3 分钟

PowerPoint 模板是另存为 .pptx 文件的一张幻灯片或一组幻灯片的蓝图。模板可以包含版式、主题颜色、主题字体、主题效果和背景样式，还可能包含内容。

我们可以使用多种不同类型的 PowerPoint 内置免费模板，也可以在 Office.com 和其他合作伙伴网站上获取更多的免费模板。此外，我们还可以创建自己的自定义模板，存储、使用并与他人共享。

10.1.1 使用内置模板

创建新的空白演示文稿或使用最近打开的模板、样本模板或主题等，单击【文件】选项卡，从弹出的菜单中选择【新建】菜单命令，然后从【可用的模板和主题】区域中选择需要使用的内置模板。

下面具体介绍使用内置模板的操作方法。

1 选择【新建】菜单命令

在打开的演示文稿 1 中单击【文件】选项卡，从弹出的菜单中选择【新建】菜单命令。

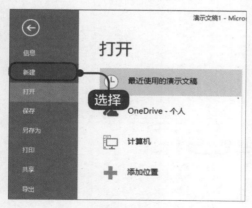

2 弹出【特色】窗口

此时，在【新建】菜单命令的右侧弹出【特色】窗口。

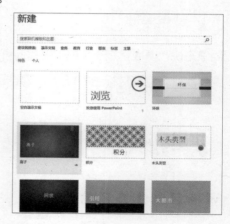

3 单击【创建】按钮

双击【离子】选项，在打开的窗口中单击【创建】按钮。

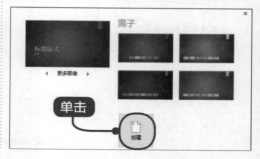

4 创建空白新演示文稿

系统即自动创建一个名称为"演示文稿2"的空白新演示文稿。

10.1.2 使用网络模板

除了 10.1.1 小节中介绍的免费内置模板外，还可以使用 Office.com 提供的免费网络模板。使用网络模板的操作如下。

1 单击【搜索】按钮

在打开的演示文稿中单击【文件】选项卡，选择【新建】菜单命令。在【新建】区域【搜索联机模板和主题】搜索框中输入要搜索的模板主题，这里输入"财务管理"，单击【搜索】按钮。

2 单击需要的模板

从搜索到的结果中单击需要的模板。

3 单击【创建】按钮

在弹出的【货币设计】界面，单击【创建】按钮。

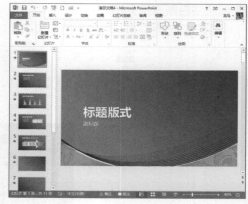

④ **结果图**

即可自动下载该模板，并创建新文档，结果如下图所示。

10.2 设计版式

本节视频教学时间 / 11 分钟

本节将介绍幻灯片版式以及向演示文稿中添加幻灯片编号、备注页编号、日期和时间及水印等内容的方法。

10.2.1 什么是版式

幻灯片版式包含要在幻灯片上显示的全部内容的格式设置、位置和占位符。PowerPoint 中包含标题幻灯片、标题和内容、节标题等 11 种内置幻灯片版式。

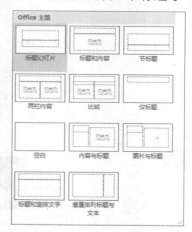

以上每种版式均显示了将在其中添加文本或图形的各种占位符的位置。在 PowerPoint 中使用幻灯片版式的具体操作步骤如下。

１ 启动 PowerPoint 2013

启动 PowerPoint 2013。系统自动创建一个包含标题幻灯片的演示文稿。

2 单击【新建幻灯片】按钮

在【开始】选项卡的【幻灯片】组单击【新建幻灯片】按钮下方的下三角按钮 新建幻灯片▾ 。

3 选择【标题和内容】幻灯片

在弹出的【Office 主题】下拉菜单中选择一个要新建的幻灯片版式，如此处选择【标题和内容】幻灯片。

4 创建一个标题和内容的幻灯片

即可在演示文稿中创建一个标题和内容的幻灯片。

5 选择【内容与标题】选项

选择第 2 张幻灯片，并在【开始】选项卡的【幻灯片】组单击【版式】按钮右侧的下三角按钮，在弹出的下拉菜单中选择【内容与标题】选项。

6 更改板式

即可将该幻灯片的【标题与内容】版式更改为【内容与标题】版式。

10.2.2 添加幻灯片编号

在演示文稿中我们既可以添加幻灯片编号、备注页编号、日期和时间，还可以添加水印。对这些操作在接下来的章节中将分别作详细介绍。

在演示文稿中添加幻灯片编号的具体操作步骤如下。

1 打开素材

打开随书光盘中的"素材 \ch10\ 绿色城市 .pptx"文件，并单击演示文稿中的第 1 张幻灯片缩略图，单击【插入】选项卡的【文本】组中的【插入幻灯片编号】按钮 。

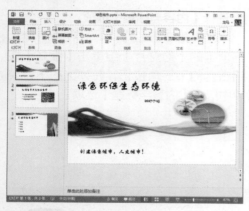

2 单击【应用】按钮

在弹出的【页眉和页脚】对话框中单击选中【幻灯片编号】复选框，单击【应用】按钮。

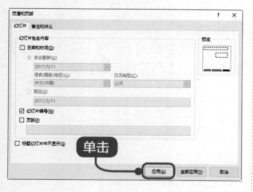

3 插入幻灯片编号

选择第 1 张幻灯片右下角插入幻灯片编号。

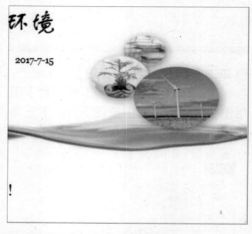

4 单击【全部应用】按钮

若在演示文稿中的所有幻灯片中都添加幻灯片编号，可在【页眉和页脚】对话框中单击选中【幻灯片编号】复选框后，单击【全部应用】按钮即可。

10.2.3 添加备注页编号

在演示文稿中添加备注页编号的操作和添加幻灯片编号类似，只需在弹出的【页眉和页脚】对话框中选择【备注和讲义】选项卡，然后单击选中【页码】复选框，最后单击【全部应用】按钮即可。

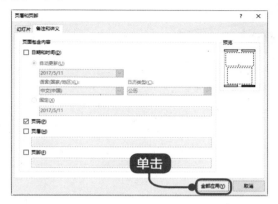

10.2.4 添加日期和时间

在演示文稿中添加日期和时间的具体操作步骤如下

1 单击【日期和时间】按钮

在打开的"素材\ch10\绿色城市.pptx"文件，选择第1张幻灯片，单击【插入】选项卡的【文本】组中单击【日期和时间】按钮。

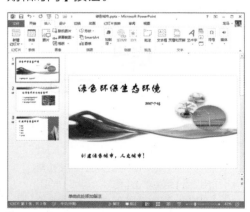

2 单击【应用】按钮

在弹出的【页眉和页脚】对话框的【幻灯片】选项卡中选中【日期和时间】复选框。选中【固定】单选按钮，并在其下的文本框中输入想要显示的日期；单击【应用】按钮。

> **提示**
>
> 若要指定在每次打开或打印演示文稿时反映当前日期和时间更新，可以单击选中【自动更新】单选按钮，然后选择所需的日期和时间格式即可。

③ 插入幻灯片编号

选择第 1 张幻灯片左下角插入幻灯片编号。

④ 单击【全部应用】按钮

若在演示文稿中的所有幻灯片中都

添加日期和时间，单击【全部应用】按钮即可。

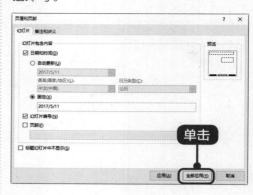

10.2.5 添加水印

在幻灯片中添加水印时，我们既可以使用图片作为水印，也可以使用文本框或艺术字作为水印。

1. 使用图片或剪贴画作为水印

使用图片或剪贴画作为水印，方法很简单。

① 打开素材

打开随书光盘中的"素材 \ch10\ 图片水印 .pptx"文件，并单击要添加水印的幻灯片，单击【插入】选项卡的【图像】组中单击【图片】按钮。

② 单击【插入】按钮

在弹出的【插入图片】对话框中选择所需要的图片。如选择随书光盘中的"素材 \ch10\ 水印 .jpg"文件，单击【插入】按钮。

提示

(1) 要为空白演示文稿中的所有幻灯片添加水印，需要在【视图】选项卡的【母版视图】组中单击【幻灯片母版】选项。
(2) 如果已完成的演示文稿中包含多个母版幻灯片，则可能不需要对这些母版幻灯片应用背景以及对演示文稿进行不必要的更改。比较安全的做法是一次为一张幻灯片添加背景。

3 插入图片

将选择的图片插入到幻灯片中。

4 选择【大小和位置】选项

在插入的图片处于选中状态时右击，在弹出的快捷菜单中选择【大小和位置】选项。

5 设置图片格式

在弹出的【设置图片格式】窗格中的【大小】区域中选中【锁定纵横比】和【相对于图片原始尺寸】复选框，并在【缩放高度】文本框中更改缩放比例为"70%"，在其他位置单击，完成自动调整。

6 单击【关闭】按钮

在【设置图片格式】对话框中切换到左侧的【位置】选项，在【水平位置】文本框和【垂直位置】文本框中分别更改数值为"8厘米"和"1厘米"，以确定图片相对于左上角的位置。

7 调整图片位置

单击【关闭】按钮，调整图片位置后的效果如下图所示。

8 选择【冲淡】选项

在【图片工具】▷【格式】选项卡的【调整】组中单击【颜色】按钮,从弹出的下拉列表的【重新着色】区域中选择【冲淡】选项。

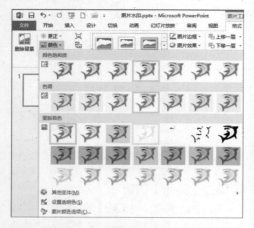

9 选择【置于底层】选项

在【图片工具】▷【格式】选项卡的【排列】组中单击【下移一层】右侧的下三角按钮,然后从弹出的下拉列表中选择【置于底层】选项。

10 调整图片大小

此时,适当调整图片的大小,即可查看到添加水印后的幻灯片效果,如下图所示。

2. 使用文本框或艺术字作为水印

可以使用文本或艺术字为幻灯片添加水印效果,用以指明演示文稿属于什么类型,如草稿或机密。

下面以文本框为例介绍使用文本框作为水印的方法。

1 打开素材

打开随书光盘中的"素材 \ch10\ 绿色城市 .pptx"文件,并单击要添加水印的幻灯片。

2 选择【垂直文本框】选项

在【插入】选项卡的【文本】组中单击【文本框】按钮,在弹出的下拉列表中选择【垂直文本框】选项。

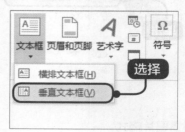

> **📢 提示**
> 也可以单击【插入】选项卡【文本】组中的【艺术字】按钮,插入合适的艺术字作为水印。

3 调整字体和大小

在幻灯片的合适位置处单击并拖曳出一个文本框,输入文字内容后调整文字的字体和大小。

4 拖动文本框

移动鼠标指针至文本框,当指针变为时,将文本框拖动到新位置。

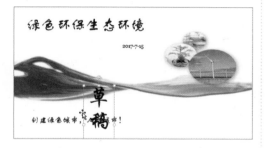

5 选择一种颜色

在【开始】选项卡的【字体】组中

单击【字体颜色】右侧的下三角按钮,然后从弹出的下拉列表中选择一种颜色。

6 最终效果图

在【绘图工具】➤【格式】选项卡的【排列】组中单击【下移一层】右侧的下三角按钮,然后从弹出的下拉列表中选择【置于底层】选项,此时可看到制作水印后的最终效果。

10.3 设计主题

本节视频教学时间 / 5分钟

为了使当前演示文稿整体搭配合理,我们除了需要对演示文稿的整体框架进行搭配外,还需要对演示文稿的颜色、字体和效果等主题进行设置。

10.3.1 设计背景

PowerPoint 中自带了多种背景样式,用户可以根据需要选择。

1 打开素材

打开随书光盘中的"素材 \ch10\ 公司市场研究项目方案 .pptx"文件,选择要设置背景样式的幻灯片。

2 设置背景格式

单击【设计】选项卡下【自定义】组中的【设置背景格式】按钮。

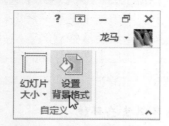

3 单击【全部应用】按钮

弹出【设置背景格式】窗格，单击选中【纯色填充】单选项，并设置一种颜色及透明度，单击【全部应用】按钮。

4 效果图

即可看到设计幻灯片页面背景后的效果。

> 💬 提示
>
> 此外，用户还可以设置渐变填充、图片或纹理填充、图案填充等填充类型。

10.3.2 配色方案

PowerPoint 中自带的主题样式如果都不适用于当前幻灯片，可以自行搭配颜色。不同颜色的搭配会产生不同的视觉效果。

1 选择【自定义颜色】选项

单击【设计】选项卡下【变体】组中的【其他】按钮 ⏷，在弹出的下拉列表中选择【颜色】➢【自定义颜色】选项。

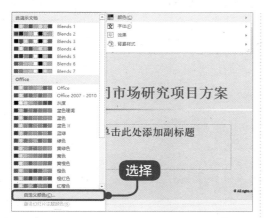

2 新建主题颜色

弹出【新建主题颜色】对话框。

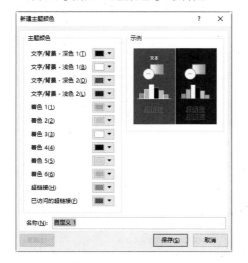

3 单击【保存】按钮

选择适当的颜色进行整体的搭配，

单击【保存】按钮。

4 效果图

所选择的自定义颜色将直接应用于当前幻灯片上。

10.3.3 主题字体

主题字体定义了两种字体：一种用于标题，另一种用于正文文本。二者可以是相同的字体（在所有位置使用），也可以是不同的字体。PowerPoint 使用主题字体可以构造自动文本样式，更改主题字体将对演示文稿中的所有标题和项目符号文本进行更改。

选择要设置主题字体效果的幻灯片后，在【设计】选项卡的【变体】组中单击【其他】按钮，选择【字体】选项，在弹出的下拉列表中，每种用于主题字体的标题字体和正文文本字体的名称将显示在相应的主题名称下，从中可以选择需要的字体。

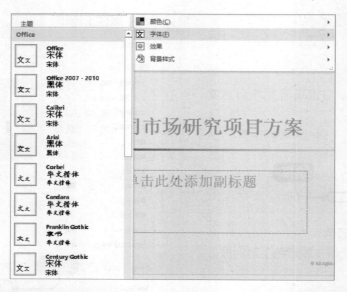

如果内置字体不能满足需要，我们可以单击下拉列表中的【新建主题字体】选项，弹出【新建主题字体】对话框。

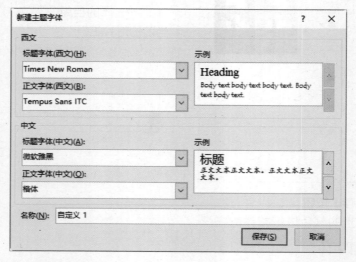

在该对话框中设置西文字体和中文字体，然后单击【保存】按钮即可完成对主题字体的自定义。

10.3.4 主题效果

主题效果是应用于文件中元素的视觉属性的集合。主题效果、主题颜色和主题字体三者构成一个主题。

选择幻灯片后，在【设计】选项卡的【主题】组中单击【效果】按钮，在弹出的下拉列表中可以选择需要的主题效果。

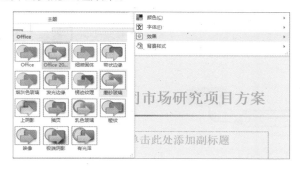

10.4 设计母版

本节视频教学时间 / 7 分钟

幻灯片母版与幻灯片模板很相似。使用母版的目的是对幻灯片进行文本的放置位置、文本样式、背景和颜色主题等效果的更改。

幻灯片母版可以用来制作演示文稿中的背景、颜色主题和动画等。使用幻灯片中的母版也可以快速制作出多张具有特色的幻灯片。

10.4.1 添加自定义占位符

可以向幻灯片母版添加的占位符类型有七种：内容、文本、图片、图表、表格、SmartArt 图形以及媒体，如果添加到幻灯片母版，它将在所有版式母版上重复出现。

添加占位符的操作步骤如下。

1 单击【幻灯片母版】按钮

单击【视图】➤【母版视图】➤【幻灯片母版】按钮。

2 选择幻灯片

选择列表的第 2 张幻灯片，然后将原有的两个占位符删除。

3 选择【文字（竖排）】

单击【幻灯片母版】选项卡➤【母版版式】面板➤【插入占位符】下拉按钮，

在弹出的下拉列表中选择【文字（竖排）】。

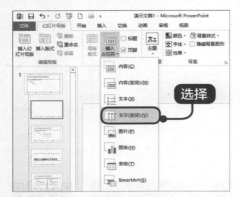

4 设置占位符位置和大小

当鼠标变为"十字"时拖动鼠标设置占位符的位置和大小。

5 设置完成图

占位符设置完成后如下图所示。

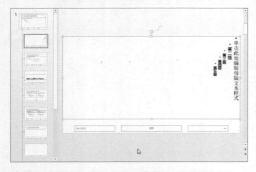

6 选择主题

单击【幻灯片母版】选项卡 ➤【编辑主题】➤【主题】下拉按钮，在弹出的下拉列表中选择主题，如下图所示。

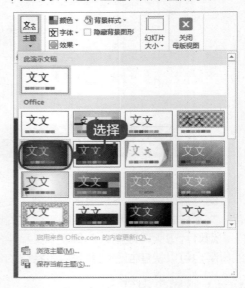

7 效果图

设置完毕，单击【关闭】组中的【关闭母版视图】按钮，结果如下图所示。

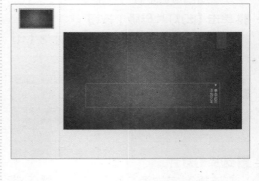

10.4.2 在幻灯片母版上更改背景

创建或自定义幻灯片母版最好在开始构建各张幻灯片之前，而不要在构建了幻灯片之后再创建母版。这样可以使添加到演示文稿中的所有幻灯片都基于创建的幻灯片母版和相关联的版式，从而避免幻灯片上的某些项目不符合幻灯片母版设计风格现象的出现。

在幻灯片母版上更改背景的具体操作步骤如下。

1 单击【幻灯片母版】按钮

单击【视图】➤【母版视图】➤【幻灯片母版】按钮。

2 设置占位符

在弹出的【幻灯片母版】选项卡下的各组中可以设置占位符的大小及位置、背景设计和幻灯片的方向等。

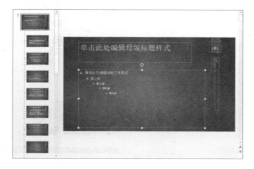

3 选择"样式8"选项

单击【幻灯片母版】➤【背景】➤【背景样式】下拉按钮，在弹出的下拉列表中选择合适的背景样式。如选择"样式8"选项。

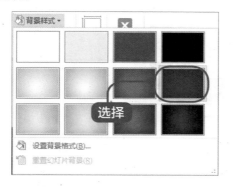

4 选择背景样式

选择的背景样式即可应用于当前幻灯片上。

5 更改占位符

在幻灯片中可以更改占位符的位置，以及文字的字体和段落样式。

6 关闭母版视图

设置完毕，单击【幻灯片母版】选项卡【关闭】组中的【关闭母版视图】按钮即可使空白幻灯片中的版式一致。

10.4.3 插入新的幻灯片母版和版式

除了修改现有的母版和版式外，还可以创建全新的母版和版式，这样一个演示文稿中就可以出现多种母版，每种母版又可以有自己独特的版式。

插入新的幻灯片母版和版式的具体操作步骤如下。

1 打开素材

打开随书光盘中的"素材 \ch10\ 插入新的幻灯片母版和版式 .pptx"文件，单击【视图】选项卡 ➤【母版视图】面板 ➤【幻灯片母版】按钮，将幻灯片切换为母版视图。

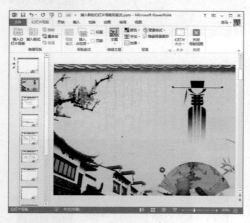

2 插入幻灯片

单击【幻灯片母版】选项卡 ➤【编辑母版】面板 ➤【插入幻灯片母版】按钮，插入新的幻灯片母版后如下图所示。

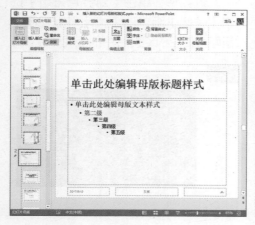

3 选择【标题幻灯片】选项

关闭幻灯片母版，单击【开始】选项卡下【幻灯片】组中【新建幻灯片】按钮的下拉按钮，在弹出的下拉列表中即可看到包含两个母版。选择新建母版中的【标题幻灯片】选项。

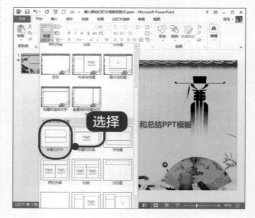

4 选择主题样式

选择新建的幻灯片页面，然后单击【设计】选项卡下【主题】面板中【其他】按钮，在弹出的下拉列表中选择一种主题样式。

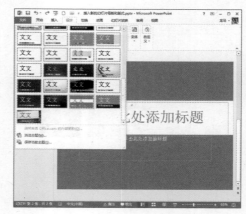

5 效果图

即可看到插入新的幻灯片母版后的效果。

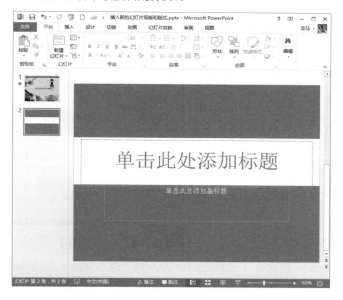

 高手私房菜

技巧 1 ● 更改幻灯片大小

默认情况下 PowerPoint 2013 中幻灯片页面的显示比例为 16:9，用户可以根据需要调整幻灯片的显示比例及页面大小。

1 设置页面比例

单击【设计】选项卡下【自定义】组中的【幻灯片大小】按钮，在弹出的下拉列表中即可设置页面显示比例。

2 选择【自定义幻灯片大小】选项

如果要自定义幻灯片大小，可以选择【自定义幻灯片大小】选项，打开【幻灯片大小】对话框。

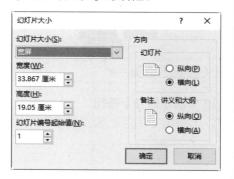

3 单击【确定】按钮

根据需要设置幻灯片的大小，如下图所示，单击【确定】按钮。

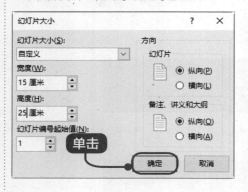

4 效果图

即可看到自定义幻灯片大小后的效果。

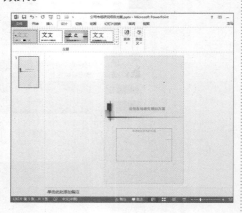

技巧 2 ● 保存当前主题

若为演示文稿自定义了主题之后，为方便下次使用，可以将其保存。

1 选择【保存当前主题】选项

单击【设计】选项卡下【主题】组中的【其他】按钮 ，在弹出的下拉列表中选择【保存当前主题】选项。

2 单击【保存】按钮

弹出【保存当前主题】对话框，

输入文件名，单击【保存】按钮，完成主题的保存。

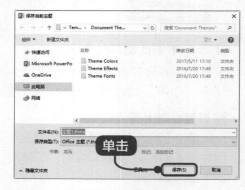

3 选择【浏览主题】选项

新建空白演示文稿，单击【设计】选项卡下【主题】组中的【其他】按钮 ，在弹出的下拉列表中选择【浏览主题】选项。

4 **单击【应用】按钮**

弹出【选择主题或主题文档】对话框，选择保存的自定义主题，单击【应用】按钮。

5 **应用自定义主题**

即可将保存的自定义主题应用到新建的空白演示文稿中。

 举一反三

在本章中介绍了制作个性 PPT 模板与母版的方法，主要涉及了使用模板、设计版式、设计主题以及母版等内容。这类演示文稿一般来说，比较注重视觉效果，做到整个演示文稿的颜色协调统一。除了之前介绍的演示文稿以外，类似的还有产品推广、各类培训 PPT 等。

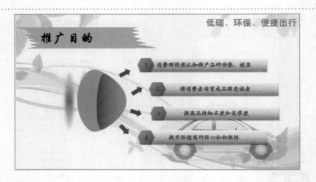

第 11 章

将内容表现在 PPT 上
——实用型 PPT 实战

本章视频教学时间 / 1 小时 37 分钟

重点导读

PPT 的灵魂是"内容"。在使用 PPT 给观众传达信息时，首先要考虑内容的实用性和易读性，力求做到简单（使观众一看就明白要表达的意思）和实用（观众能从中获得有用的信息）。特别是用于讲演、课件、员工培训、公司会议等情况下的 PPT，更要如此。

学习效果图

11.1 制作毕业设计课件 PPT

本节视频教学时间 /15 分钟

毕业设计课件 PPT 是毕业生经常用到的一种演示文稿类型，制作一份精美的毕业设计课件 PPT 可以加深论文答辩老师对设计课件的印象，达到事半功倍的效果。

11.1.1 设计首页幻灯片

本节主要涉及应用主题、设置文本格式等内容。

1 选择【丝状】主题样式

启动 PowerPoint 2013，新建一个 pptx 文件。然后单击【设计】选项卡下【主题】选项组中的【其他】按钮，在弹出的下拉列表中选择【丝状】主题样式。

2 创建主题

主题创建完成后如下图所示。

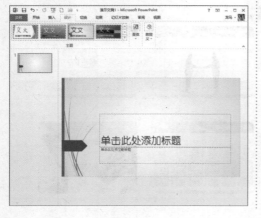

3 输入标题

输入演示文稿的标题和副标题。

4 选中标题文字

选中标题文字，将文字样式改为【华文行楷】，字体大小设置为 96，然后单击加粗。最后单击【段落】选项组的居中按钮，将文字设置为居中。

5 效果图

重复步骤 4，选中副本标题的文字，将文字样式设置为【华文行楷】，字体大小为 32，然后单击加粗。最后单击【段落】选项组的右对齐按钮。最后选中标题和副标题的输入框，将它们调节到合适的位置，结果如下图所示。

11.1.2 设计第 2 张幻灯片

本节主要涉及输入文本、设置文本格式等内容。

1 选择【标题和内容】选项

单击【开始】选项卡下的【幻灯片】选项组中的【新建幻灯片】按钮，在弹出的快捷菜单中选择【标题和内容】选项。

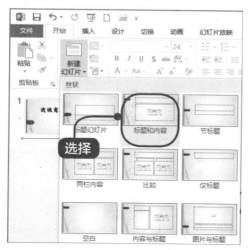

2 添加标题

在新添加的幻灯片中单击【单击此处添加标题】文本框，在该文本框中输入"商业插画概述"，并将字体样式设置为【华文楷体】，将字体大小设置为36，然后单击加粗。最后单击【段落】选项组的左对齐按钮，将文字左对齐。

3 设置字体

单击【单击此处添加文本】文本框，删除文本框中的所有内容，将随书光盘中的"素材\ch11\商业插画概述.txt"文件中的内容粘贴过来，并设置字体为【华文楷体】，字号为24。

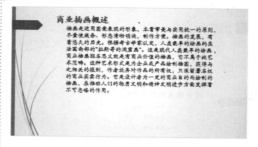

4 选择【段落】选项

选中"商业插画概述"的文本内容，单击鼠标右键，在弹出的快捷菜单中选择【段落】选项，在弹出的【段落】对话框中进行如下设置。

11.1.3 设计第 3 张幻灯片

本节主要涉及输入文本、插入图片及设置图片格式等内容。

1 创建幻灯片

选中上节创建的幻灯片，按【Ctrl+C】组合键复制，然后在该幻灯片的下方按【Ctrl+V】组合键粘贴。

2 选中标题和内容

分别选中标题和内容文本对其进行修改。

5 效果图

设置完成后结果如下图所示。

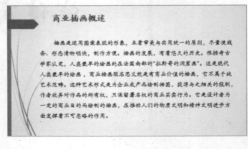

3 选择相应项目符号

选中下面的内容文本框中的三行文字，然后单击【开始】选项卡【段落】组中的【项目符号】下拉按钮，在弹出的下拉列表中选择相应的项目符号。

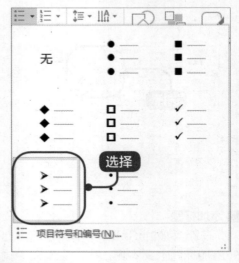

4 设置行距

单击【开始】选项卡【段落】组中右下角的 🖿，在弹出的【段落】对话框中将行距设置为【双倍行距】。

5 设置段落间距

添加项目和重新设置段落间距后如下图所示。

6 单击【插入】按钮

单击【插入】选项卡下【图像】组中的【图片】按钮，在弹出的【插入图片】对话框中选中随书附带光盘中的"素材 \ch11\ 插图 1.jpg"。

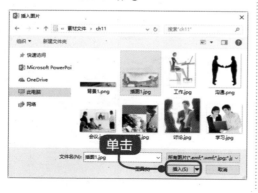

7 调整图片的位置

单击【插入】按钮，将图片插入到幻灯片中。调整图片的位置后如下图所示。

8 选择【金属椭圆】图案

选中图片，然后单击【格式】选项卡下【图片样式】组中的【其他】按钮，在弹出的下拉列表中选择【金属椭圆】图案。

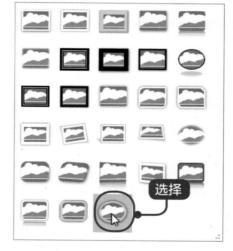

9 效果图

图片的样式设置完成后，选中图片，然后拖动图片四周的句柄对图片的大小进行调整，结果如下图所示。

11.1.4 设计第 4 张幻灯片

本节主要涉及插入 SmartArt 图形、设置 SmartArt 图形格式等内容。

1 复制第 3 张幻灯片

按住【Ctrl+C】组合键复制第 3 张幻灯片，然后在第 3 张幻灯片下方按【Ctrl+V】组合键粘贴，将幻灯片的标题改为"插画的审美特性"，然后其他内容全部删除。

2 单击【确定】按钮

单击【插入】选项卡下【插入】选项组中的【SmartArt】按钮，在弹出的【选中 SmartArt 图形】对话框上选择【列表】区域中的【垂直曲形列表】选项。

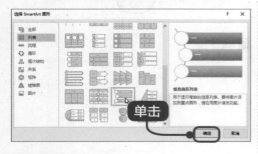

3 输入文本内容

单击【确定】按钮，然后输入文本

内容。

4 选择【彩色】选项

选中 SmartArt 图形，然后单击【设计】选项卡下【插入】下拉按钮，在弹出的下来列表中选择【彩色】选项区的【个性色 2 至 3 】。

5 选择【平面场景】选项

单击【设计】选项卡下【SmartArt 样式】组中的【其他】按钮，在弹出的下拉列表中选择【平面场景】选项。

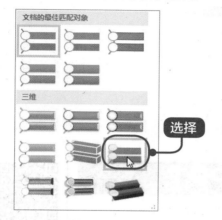

6 效果图

单击 SmartArt 图形左边框上的按钮，在弹出的文本框中选中所有的文字，然后将文字的字体改为【华文彩云】，字号改为 36，结果如下图所示。

11.1.5 设计结束幻灯片

本节主要涉及插入艺术字、输入文本内容等。

1 新建空白幻灯片

新建空白幻灯片，单击【插入】选项卡下【文本】选项组中的【艺术字】按钮，在弹出的下拉列表中选择【填充—白色，轮廓—着色 1，发光—着色 1】选项。

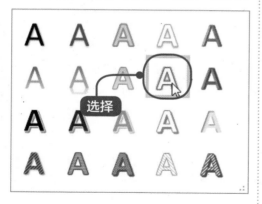

2 设置字体

在插入的艺术字体文本框中输入"谢谢观看"，然后设置【字体】为"华文行楷。"【字号】为"96"。

3 选中文本框

选中文本框，然后单击【开始】选项卡【绘图】组中的【形状效果】的下拉按钮，在弹出的下拉列表中选择【三维旋转】➤【平行】➤【离轴 1 右】。

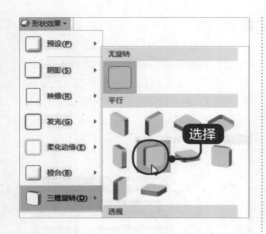

4 设置效果图

形状效果设置完成后结果如下图所示。

11.2 制作员工培训 PPT

本节视频教学时间 /29 分钟

员工培训是组织或公司为了开展业务及培育人才的需要，采用各种方式对员工进行有目的、有计划地培养和训练的管理活动，使员工不断更新知识，开拓技能，够更好地胜任现职工作或担负更高级别的职务，从而提高工作效率。

11.2.1 设计员工培训首页幻灯片

设计员工培训首页幻灯片页面的步骤如下。

1 添加主题

启动 PowerPoint 2013 应用软件，进入 PowerPoint 工作界面，并将其另存为"员工培训 PPT"，并添加主题。

2 单击【艺术字】按钮

删除【单击此处添加标题】文本框，单击【插入】选项卡下【文本】组中的【艺术字】按钮，在弹出的下拉列表中选择"填充－黑色，文本 1，阴影"选项。

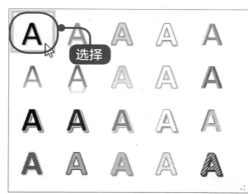

3 设置字体

在插入的艺术字文本框中输入"员工培训"，并设置【字号】为"100"，设置【字体】为"华文隶书"。

4 插入艺术字

重复步骤 2，在插入的艺术字文本框中输入"主讲人：孔经理"，并设置【字号】为"54"，设置【字体】为"华文隶书"。

5 选择【旋转】选项

选中"主讲人：孔经理"文本框，单击【动画】选项卡【动画】组下的【其他】按钮，在弹出的下拉列表中选择【旋转】选项。

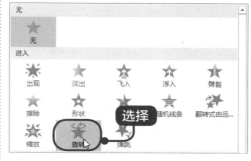

6 选择【摩天轮】选项

单击【切换】选项卡【切换到此幻灯片】组中的【其他】按钮 ，在弹出的下拉列表中选择【摩天轮】选项为本张幻灯片设置切换效果。

11.2.2 设计员工培训现况简介幻灯片

设计员工培训现况简介幻灯片页面的步骤如下。

1 选择【标题和内容】选项

单击【开始】选项卡【幻灯片】组中的【新建幻灯片】按钮，在弹出的快捷菜单中选择【标题和内容】选项。

2 添加标题

在新添加的幻灯片中单击【单击此处添加标题】文本框，并在该文本框中输入"现况简介"文本内容，设置【字体】为"宋体（标题）"，设置【字号】为"54"，设置字体样式为"文字阴影"。

3 选择【梯形列表】选项

将【单击此处添加文本】文本框删除，之后单击【插入】选项卡【插图】组中的【SmartArt】按钮，在弹出的【选择SmartArt 图形】对话框中选择【列表】区域中的【梯形列表】选项。

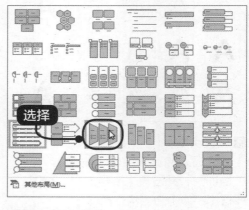

4 输入相应内容

单击【确定】按钮，然后输入相应的文本内容。

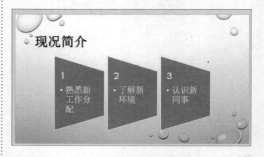

5 插入的 SmartArt 图形

选中刚插入的 SmartArt 图形，然后单击【设计】选项卡下【更改颜色】组的下拉按钮，在弹出的下拉列表中选中【彩色范围—个性色 5 至 6】。

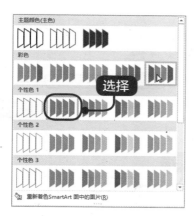

6 选择【平面场景】

在 SmartArt 样式列表中选择【平面场景】。

7 设置 SmartArt 图形样式

SmartArt 图形的样式设置完成后如下图所示。

8 选择【擦除】选项

选择插入的 SmartArt 图形，单击【动画】选项卡【动画】组中的【擦除】选项。

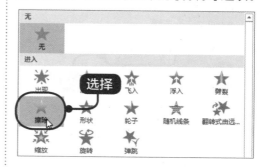

9 选择【效果选项】选项

单击【动画】选项卡【高级动画】组中的【动画窗格】按钮，在弹出的【动画窗格】窗口中，单击动画选项右侧的下拉按钮，在弹出的下拉列表中选择【效果选项】选项。

10 选择【自左侧】选项

在弹出的【擦除】对话框上单击【效果】选项卡下【设置】区域中的【方向】下拉列表框，在弹出的下拉列表中选择【自左侧】选项。

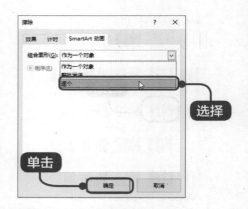

13 返回幻灯片设计窗口

单击【确定】按钮，返回幻灯片设计窗口，查看【动画窗格】窗口与幻灯片的设计效果。

11 选择【上一动画之后】选项

单击【计时】选项卡下的【开始】下拉列表框，在弹出的下拉列表中选择【与上一动画同时】选项。

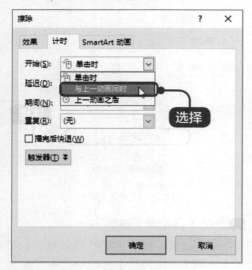

14 设置切换效

单击【切换】选项卡【切换到此幻灯片】组中的【其他】按钮▼，在弹出的下拉列表中选择【轨道】选项为本张幻灯片设置切换效果。

12 选择【逐个】选项

打开【SmartArt】选项卡下的【组合图形】下拉列表框，选择【逐个】选项。

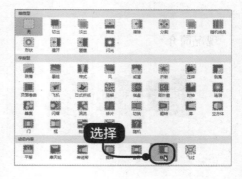

11.2.3 设计员工学习目标幻灯片

设计员工学习目标幻灯片页面的步骤如下。

1 设置字体样式

单击【新建幻灯片】按钮，在弹出的快捷菜单中选择【标题和内容】选项。在新添加的幻灯片中单击【单击此处添加标题】文本框，并在该文本框中输入"学习目标"，设置【字体】为"宋体（标题）"，设置【字号】为"54"，设置字体样式为"文字阴影"。

2 设置字体

将【单击此处添加文本】文本框删除，之后单击【插入】选项卡【文本】组中的【文本框】按钮，在弹出的下拉菜单中选择【横排文本框】选项，绘制一个文本框并输入相关的文本内容，设置【字体】为"宋体（正文）"，设置【字号】为"40"，之后对文本框进行移动调整。

3 选择【浮入】选项

选中上一步操作中所设计的文本框，单击【动画】选项卡【动画】组中的【浮入】选项。

4 选择【效果选项】选项

单击【动画】选项卡【高级动画】组中的【动画窗格】按钮，单击弹出的【动画空格】窗口的动画选项右侧的下拉按钮，在弹出的下拉列表中选择【效果选项】选项。

5 选择【与上一动画同时】选项

在弹出的【上浮】对话框单击【计时】选项卡，在【开始】下拉列表中选择【与上一动画同时】选项。

6 设置间隔时间

单击【正文文本动画】按钮，将组合文本设置为【按第一级段落】，然后设置间隔时间为 0.5 秒。

7 设计效果图

单击【确定】按钮，最终【动画窗格】窗口的设计效果如下图所示。

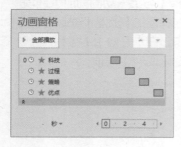

8 选择【映像】效果

单击【插入】选项卡【图像】组中的【图片】按钮，在弹出的【插入图片】对话框中选择随书光盘中的"素材\ch11\学习.jpg"文件，选中图片，单击【格式】选项卡【图片样式】组中【图片效果】下拉按钮，在弹出的下拉列表中选择【映像】效果为【紧密映像，接触】。

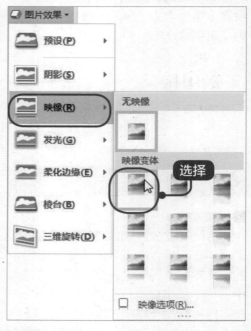

9 最终效果图

对插入图片进行调整，最终效果如下图所示。

10 选择【缩放】选项

单击【切换】选项卡【切换到此幻灯片】组中的【其他】按钮，在弹出的下拉列表中选择【缩放】选项，为本张幻灯片设置切换效果。

11.2.4 设计员工曲线学习技术幻灯片

设计员工曲线学习技术幻灯片页面的步骤如下。

1 新建一张【标题和内容】幻灯片

新建一张【标题和内容】幻灯片，在新添加的幻灯片中单击【单击此处添加标题】文本框，并在该文本框中输入"曲线学习技术"文本内容，设置【字体】为"宋体(标题)"，设置【字号】为"54"，设置字体样式为"文字阴影"。

2 单击【图表】按钮

将【单击此处添加文本】文本框删除，之后单击【插入】选项卡【插图】组中的【图表】按钮，在弹出的【插入图表】对话框中，选择【堆积折线图】选项。

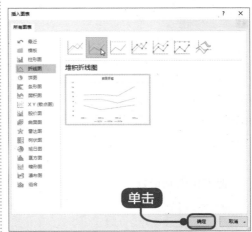

3 按下表进行设计

单击【确定】按钮，在弹出的【Microsoft PowerPoint 中的图表】对话框中，按下表进行设计。

177

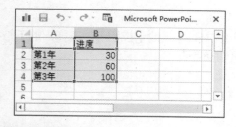

4 查看设计效果

关闭【Microsoft PowerPoint 中的图表】对话框，查看设计效果。

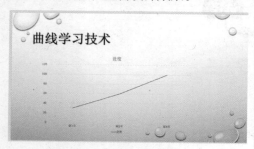

11.2.5 设计工作要求幻灯片

设计工作要求幻灯片页面的步骤如下。

1 添加标题

新建一张【标题和内容】幻灯片，在新添加的幻灯片中单击【单击此处添加标题】文本框，并在该文本框中输入"把工作做到最好"，设置【字体】为"宋体（标题）"，设置【字号】为"54"，设置字体样式为"文字阴影"。

2 选择【横排文本框】选项

将【单击此处添加文本】文本框删除，之后单击【插入】选项卡【文本】组中

5 选择【旋转】选项

单击【切换】选项卡【切换到此幻灯片】组中的【其他】按钮 ，在弹出的下拉列表中选择【旋转】选项，为本张幻灯片设置切换效果。

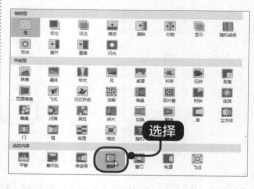

的【文本框】按钮，在弹出的下拉菜单中选择【横排文本框】选项，绘制一个文本框并输入相关的文本内容，设置【字体】为"宋体（正文）"且加粗，设置【字号】为"40"，之后对文本框进行移动调整。

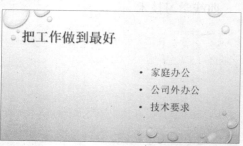

3 最终效果图

插入随书光盘中的"素材\ch11\工作.jpg"文件，并调整图片位置，最终效果如下图所示。

4 选择【翻转】选项

单击【切换】选项卡【切换到此幻灯片】组中的【其他】按钮 ，在弹出的

下拉列表中选择【翻转】选项为本张幻灯片设置切换效果。

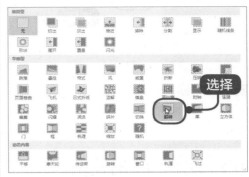

11.2.6 设计问题与总结幻灯片

设计问题与总结幻灯片页面的步骤如下。

1 新建【标题和内容】幻灯片

新建一张【标题和内容】幻灯片，在新添加的幻灯片中单击【单击此处添加标题】文本框，并在该文本框中输入"总结与问题"，设置【字体】为"宋体（标题）"，设置【字号】为"54"，设置字体样式为"文字阴影"。

2 单击【艺术字】按钮

将【单击此处添加文本】文本框删除，之后单击【插入】选项卡【文本】组中的【艺术字】按钮，在弹出的下拉列表中选择"填充 – 白色，轮廓 – 着色 2，清晰阴影 – 着色 2"选项。

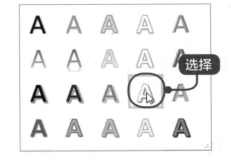

3 调整其位置

插入"总结"和"问题"两个艺术字，并设置【字体】为"华文行楷"，设置【字号】为"80"并调整其位置。

4 设置艺术字

分别设置两个艺术字的动画为"飞入"效果。

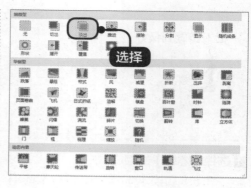

⑤ 设置切换效果

单击【切换】选项卡【切换到此幻灯片】组中的【淡出】选项，为本张幻灯片设置切换效果。

11.2.7 设计结束幻灯片页面

设计员工培训结束幻灯片页面的步骤如下。

① 选择艺术字

新建一张【标题和内容】幻灯片，删除新插入幻灯片页面中的所有文本框，然后单击【插入】选项卡【文本】组中的【艺术字】按钮，在弹出的下拉列表中选择"填充 – 黑色，文本 1，轮廓 –背景 1，清晰阴影 – 背景 1"选项。

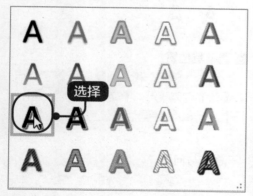

② 设置字体

在插入的艺术字文本框中输入"完"文本内容，并设置【字号】为"150"，设置【字体】为"华文行楷"。

③ 设置艺术字

设置艺术字的动画效果为"缩放"。

④ 设置切换效果

单击【切换】选项卡【切换到此幻灯片】组中的【擦除】选项，为本张幻灯片设置切换效果。

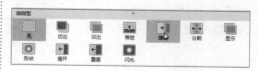

5 最终效果图

将制作好的幻灯片保存为"员工培训 PPT.pptx"文件。

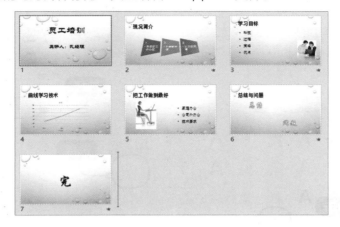

11.3 制作会议 PPT

本节视频教学时间 /18 分钟

会议是人们为了解决某个共同的问题或出于不同的目的聚集在一起进行讨论、交流的活动。本节将来制作一个发展战略研讨会的幻灯片。

11.3.1 设计会议首页幻灯片页面

设计会议首页幻灯片页面的步骤如下。

1 选择【回顾】选项

启动 PowerPoint 2013 应用软件，进入 PowerPoint 工作界面，并将其另存为"会议 PPT"。单击【设计】选项卡【主题】组中【回顾】选项。

② 插入艺术字

删除【单击此处添加标题】文本框，单击【插入】选项卡【文本】组中的【艺术字】按钮，在弹出的下拉列表中选择【图案填充 - 橙色，着色1，50%，清晰阴影-个性色1】选项。

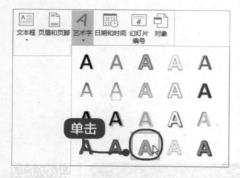

③ 输入文本内容

在插入的艺术字文本框中输入"发展战略研讨会"文本内容，并设置【字号】为"80"，设置【字体】为"黑体"。

发展战略研讨会

④ 选择【紧密映像，接触】选项

选中艺术字，单击【格式】选项卡

【艺术字样式】组中的【文字效果】按钮，在弹出的下拉列表中选择【映像】区域下的【紧密映像，接触】选项。

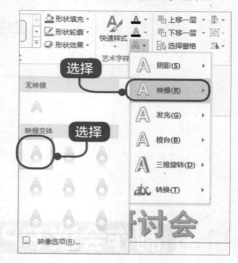

⑤ 设置字体

单击【单击此处添加副标题】文本框，并在该文本框中输入"先锋科技有限公司"文本内容，设置【字体】为"隶书"，设置【字号】为"54"，并拖曳文本框至合适的位置。

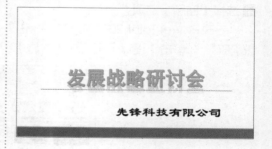

11.3.2 设计会议内容幻灯片页面

设计会议内容幻灯片页面的步骤如下。

① 新建【标题和内容】幻灯片

新建一张【标题和内容】幻灯片，并输入标题"会议内容"，设置【字体】为"隶书"且加粗，设置【字号】为"66"。

2 设置段落间距

将【单击此处添加文本】文本框删除，之后单击【插入】选项卡【文本】组中的【文本框】按钮，在弹出的下拉菜单中选择【横排文本框】选项。绘制一个文本框并输入相关文本内容，设置【字体】为"华文新魏"，设置【字号】为"36"，并设置段落间距为 1.5 倍。

3 最终效果

单击【插入】选项卡【图像】组中的【图片】按钮，在弹出的【插入图片】对话框中选择随书光盘中的"素材\ch11\ 会议 .jpg"文件。将图片插入幻灯片并调整图片的位置，最终效果如下图所示。

4 选择【飞入】选项

选中文本框中的文字内容，单击【动画】选项卡【动画】组中的【飞入】选项。

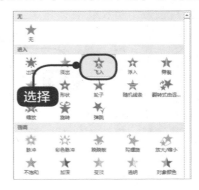

5 选择"从上一项之后开始"选项

单击【动画】选项卡【高级动画】组中的【动画窗格】按钮，弹出【动画空格】窗口。单击【动画窗格】中的动画选项右侧的下拉按钮，设置 2～5 行文字的动画效果为"从上一项之后开始"。

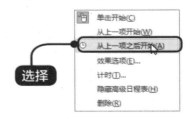

6 设置图片

选中图片，设置图片的动画为"淡出"，在【动画窗格】窗口中设置动画效果为"从上一项之后开始"。

7 选择【随机线条】选项

单击【切换】选项卡【切换到此幻灯片】组中的【随机线条】选项，为本张幻灯片设置切换效果。

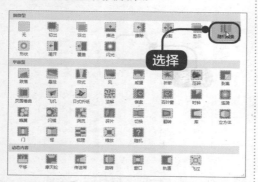

11.3.3 设计会议讨论幻灯片页面

设计会议讨论幻灯片页面的步骤如下。

1 新建【标题和内容】幻灯片

新建一张【标题和内容】幻灯片，并输入标题"讨论"，设置【字体】为"隶书"且加粗，设置【字号】为"40"。

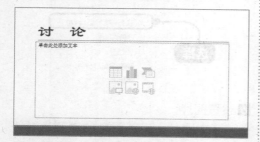

2 选择【横排文本框】选项

将【单击此处添加文本】文本框删除，之后单击【插入】选项卡【文本】组中的【文本框】按钮，在弹出的下拉菜单中选择【横排文本框】选项。绘制一个文本框并输入相关文本内容，设置【字体】为"华文新魏"，设置【字号】为"36"，并设置段落间距为 1.5 倍。

8 最终效果图

制作完成的最终效果如下图所示。

3 最终效果图

单击【插入】选项卡【图像】组中的【图片】按钮，选择随书光盘中的"素材 \ch11\ 讨论 .jpg"文件，将图片插入幻灯片并调整图片的位置，最终效果如下图所示。

④ 选择【浮入】选项

选中文本框中的文字内容，单击【动画】选项卡【动画】组中【浮入】选项。

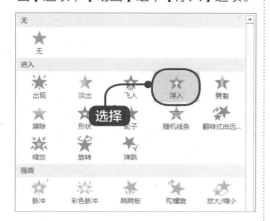

⑤ 单击【动画窗格】按钮

单击【动画】选项卡【高级动画】组中的【动画窗格】按钮，弹出【动画窗格】窗口。单击【动画窗格】窗口中的动画选项右侧的下拉按钮，设置 2～4 行文字的动画效果为【从上一项之后开始】。

⑥ 设置动画效果

选中图片，设置图片的动画为"淡出"，在【动画窗格】窗口中设置动画效果为【从上一项之后开始】，【动画窗格】窗口的最终效果如下图所示。

⑦ 弹出【淡出】对话框

选中图片，在【动画窗格】窗口中单击右边的下三角按钮 ，在弹出下拉列表中选择【计时】选项。弹出【淡出】对话框，设计【期间】值为"慢速（3 秒）"。

⑧ 设置切换效果

单击【确定】按钮，关闭【淡出】对话框，单击【切换】选项卡【切换到此幻灯片】组中的【其他】按钮 ，在弹出的下拉列表中选择【立方体】选项，为本张幻灯片设置切换效果。

11.3.4 设计会议结束幻灯片页面

设计会议结束幻灯片页面的步骤如下。

① 选择艺术字

单击【开始】选项卡【幻灯片】组中的【新建幻灯片】按钮，在弹出的快捷菜单中选择【空白】选项。删除新插入幻灯片页面中的所有文本框，单击【插入】选项卡【文本】组中的【艺术字】按钮，在弹出的下拉列表中选择【填充 – 白色，轮廓 – 着色 2，清晰阴影 - 着色 2】选项。

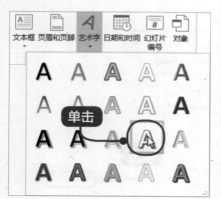

② 设置字体

在插入的艺术字文本框中输入"谢谢观看"文本内容，并设置【字号】为"150"，设置【字体】为"华文行楷"。

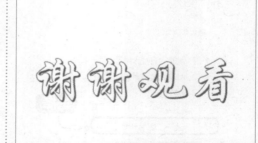

③ 选择【日式折纸】选项

单击【切换】选项卡【切换到此幻灯片】组中的【其他】按钮 ，在弹出的下拉列表中选择【日式折纸】选项，为本张幻灯片设置切换效果。

4 效果图

将制作好的幻灯片保存为"制作会议 PPT.pptx"文件。

11.4 制作沟通技巧 PPT

本节视频教学时间 /33 分钟

沟通是人与人之间、人与群体之间思想与感情的传递和反馈的过程，以求思想达成一致和感情的通畅。沟通是社会交际中必不可少的技能，沟通的成效直接影响着工作或事业成功与否。

11.4.1 设计幻灯片母版

此演示文稿中除了首页和结束页外，其他所有幻灯片中都需要在标题处放置一个关于沟通交际的图片，为了体现版面的美观，并设置四角为弧形。设计幻灯片母版的步骤如下。

1 启动 PowerPoint 2013

启动 PowerPoint 2013，进入 PowerPoint 工作界面，并将其另存为"沟通技巧 PPT"。单击【设计】选项卡下【自定义】组中【幻灯片大小】按钮的下拉按钮，选择【标准（4:3）】选项，设置【幻灯片大小】为"标准（4:3）"。

2 切换幻灯片

单击【视图】选项卡下【母版视图】中的【幻灯片母版】按钮，切换到幻灯片母版视图，并在左侧列表中单击第1张幻灯片。

3 单击【插入】按钮

单击【插入】选项卡【图像】组中的【图片】按钮，在弹出的对话框中浏览到"素材\ch11\背景1.png"文件，单击【插入】按钮。

4 调整图片位置

插入图片并调整图片的位置，如下图所示。

5 填充颜色

使用形状工具在幻灯片底部绘制1个矩形框，并填充颜色为蓝色（R:29，G:122，B:207）。

6 调整圆角角度

使用形状工具绘制1个圆角矩形，并拖动圆角矩形左上方的黄点，调整圆角角度。设置【形状填充】为"无填充颜色"，设置【形状轮廓】为"白色"、【粗细】为"4.5磅"。

7 选择【编辑顶点】选项

在左上角绘制 1 个正方形，设置【形状填充】和【形状轮廓】为"白色"并右击，在弹出的快捷菜单中选择【编辑顶点】选项，删除右下角的顶点，并单击斜边中点向左上方拖动，调整为如下图所示的形状。

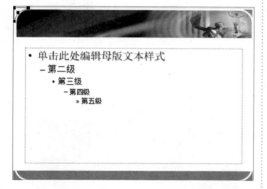

8 调整幻灯片形状

按照上述操作，绘制并调整幻灯片其他角的形状。

9 设置字体

将标题框置于顶层，并设置内容字体为"微软雅黑"、字号为"40"、颜色为"白色"。

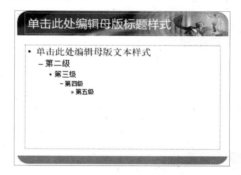

11.4.2 设计首页和图文幻灯片

首页幻灯片由能够体现沟通交际的背景图和标题组成，具体操作步骤如下。

第 1 步：设计首页幻灯片

1 选择幻灯片

在幻灯片母版视图中选择左侧列表的第 2 张幻灯片。

2 选择【隐藏背景图形】复选框

选中【幻灯片母版】选项卡【背景】组中的【隐藏背景图形】复选框。

③ 设置背景格式

单击【背景】选项组右下角的【设置背景格式】按钮 ，在弹出的【设置背景格式】窗格的【填充】区域中选择【图片或纹理填充】单选按钮，并单击【文件】按钮，在弹出的对话框中选择"素材 \ch11\ 首页 .jpg"。

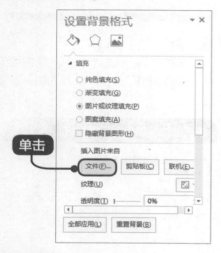

④ 设置背景

设置背景后的幻灯片如下图所示。

⑤ 调整形状顶点

重复上面的操作，绘制 1 个圆角矩形框，在四角绘制 4 个正方形，并调整形状顶点如下图所示。

⑥ 单击【关闭母版视图】按钮

单击【关闭母版视图】按钮，返回普通视图。在幻灯片中输入文字"提升你的沟通技巧"。

第 2 步：设计图文幻灯片

图文幻灯片的目的是使用图形和文字形象地说明沟通的重要性，设置图文幻灯片的具体操作步骤如下。

① 新建【仅标题】幻灯片

新建 1 张【仅标题】幻灯片，并输入标题"为什么要沟通？"。

2 调整图片位置

单击【插入】选项卡【图像】组中的【图片】按钮，插入"素材 \ch11 \ 沟通 .png"，并调整图片的位置。

3 选择【编辑文字】选项

使用形状工具插入两个云形标注。右击云形标注，在弹出的快捷菜单中选择【编辑文字】选项，并输入如下文字。

4 输入标题

新建 1 张【标题和内容】幻灯片，并输入标题"沟通有多重要？"。

5 单击【确定】按钮

单击内容文本框中的图表按钮 ，在弹出的【插入图表】对话框中选择【饼图】➤【三维饼图】选项，单击【确定】按钮。

6 修改数据

在打开的 Excel 工作簿中修改数据如下。

7 插入图表

保存并关闭 Excel 工作簿，即可在幻灯片中插入图表，并修改图表如下图所示。

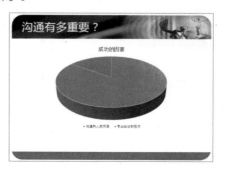

8 选择样式 9

选择图表，然后单击【设计】➤【图表样式】➤【其他】按钮，选择样式 9，结果如下图所示。

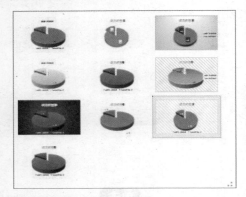

9 设置数据系列格式

选择饼状图并双击，在弹出的【设置数据系列格式】窗格中将饼状【点爆炸型】设置为 15%。

10 调整文字

在图表下方插入 1 个文本框，输入内容，并调整文字的字体、字号和颜色，如下图所示。

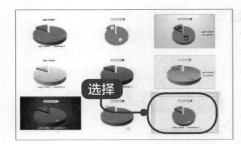

11.4.3 设计图形幻灯片

使用各种形状图形和 SmartArt 图形直观地展示沟通的重要原则和高效沟通的步骤，设计图形幻灯片的具体操作步骤如下。

第 1 步：设计"沟通的重要原则"幻灯片

1 输入标题内容

新建 1 张【仅标题】幻灯片，并输入标题内容"沟通的重要原则"。

2 调整圆角矩形角度

使用形状工具绘制 5 个圆角矩形，调整圆角矩形的圆角角度，并分别应用一种形状样式。

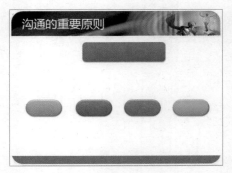

3 设置【形状填充】

再绘制 4 个圆角矩形，设置【形状填充】为【无填充颜色】，分别设置【形状轮廓】为绿色、红色、蓝色和橙色。

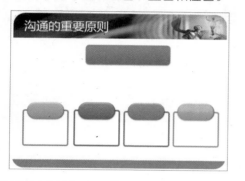

4 选择【编辑文字】选项

右击形状，在弹出的快捷菜单中选择【编辑文字】选项，输入文字，如下图所示。

5 链接图形

绘制直线将图形连接起来。

第 2 步：设计"高效沟通步骤"幻灯片

1 输入标题

新建 1 张【仅标题】幻灯片，并输入标题"高效沟通步骤"。

2 单击【确定】按钮

单击【插入】选项卡【插图】组中的【SmartArt】按钮，在弹出的【选择 SmartArt 图形】对话框中选择【连续块状流程】图形，单击【确定】按钮。

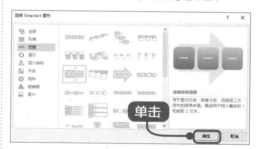

3 输入文字

在 SmartArt 图形中输入文字，如下图所示。

4 单击【更改颜色】按钮

选择 SmartArt 图形，单击【设计】选项卡【SmartArt 样式】组中的【更改颜色】按钮，在下拉列表中选择【彩色轮廓－个性色 3】选项。

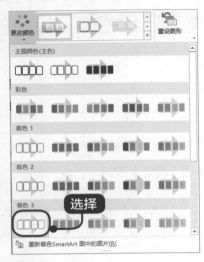

5 选择【嵌入】选项

单击【SmartArt 样式】组中的 ▼ 按钮，在下拉列表中选择【嵌入】选项。

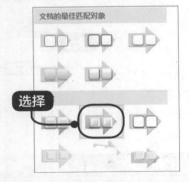

6 应用蓝色形状样式

在 SmartArt 图形下方绘制 6 个圆角矩形，并应用蓝色形状样式。

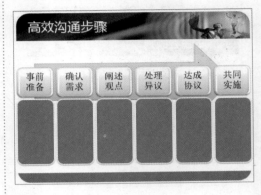

7 设置字体颜色

在圆角矩形中输入文字，为文字添加"√"形式的项目符号，并设置字体颜色为"白色"，如下图所示。

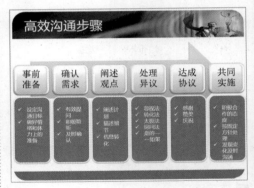

11.4.4 设计结束页幻灯片和切换效果

结束页幻灯片和首页幻灯片的背景一致，只是标题内容不同。具体操作步骤如下。

1 新建 1 张【标题幻灯片】

新建 1 张【标题幻灯片】，并在标题文本框中输入"谢谢观看！"。

② 应用【淡出】效果

选择第 1 张幻灯片，并单击【切换】选项卡【切换到此幻灯片】组中的 ▾ 按钮，应用【淡出】效果。

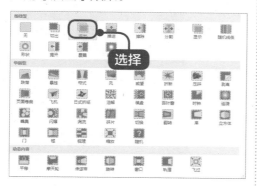

③ 单击【预览】按钮

分别为其他幻灯片应用切换效果，并单击【预览】按钮查看切换效果。

④ 效果图

至此，沟通技巧演示文稿制作完成。制作完成的沟通技巧 PPT 效果如下图所示。

 高手私房菜

技巧 ● 优秀 PPT 的关键要素

一个优秀的 PPT 往往具备以下 4 个要素。

1. 目标明确

制作 PPT 通常是为了追求简洁、明朗的表达效果，以便有效地协助沟通。因此，一个优秀的 PPT 必须先确定一个合理明确的目标。

明确了目标，在制作 PPT 的过程中就不会偏离主题，制作出多页无用内容的幻灯片，也不会在一个文件里面讨论多个复杂问题。

2. 形式合理

PPT 主要有两种用法：一是辅助现场演讲的演示，二是直接发送给观众自己阅读。要保证达到理想的效果，就必须针对不同的用法选用合理的形式。

如果制作的 PPT 用于演讲现场，就要全力服务于演讲。制作的 PPT 要多用图表和图示，少用文字，以使演讲和演示相得益彰。此外，还可以适当地运用特效及动画等功能，使演示效果更加丰富多彩。

发送给多个人员阅读的演示文稿，必须使用简洁、清晰的文字引领读者理解制作者的思路。

3. 逻辑清晰

制作 PPT 的时候既要使内容齐全、简洁、清晰，又必须建立清晰、严谨的逻辑。做到逻辑清晰，可以遵循幻灯片的结构逻辑，也可以运用常见的分析图表法。

在遵循幻灯片的结构逻辑制作幻灯片时，通常一个 PPT 文档会包括 10~30张幻灯片，有封面页、结束页和内容页等。制作的过程中必须严格遵循大标题、小标题、正文、注释等内容层级结构。

运用常见的分析图表法可以便于带领观众共同分析复杂的问题。常用的流程图和矩阵分析图等可以帮助排除情绪干扰，进一步理清思路和寻找解决方案。通过运用分析图表法可以使演讲者的表述更清晰，也更便于观众理解。

4. 美观大方

要使制作的 PPT 美观大方，具体可以从色彩和布局两个方面进行设置。

色彩是一门大学问，也是一个很感观的东西。PPT 制作者在设置色彩时，要运用和谐但不张扬的颜色搭配。可以使用一些标准色，因为这些颜色都是大众容易接受的颜色。同时，为了方便辨认，制作 PPT 时应尽量避免使用相近的颜色。

幻灯片的布局要简单、大方，将重点内容放在显著的位置，以便观众一眼就能够看到。

📢 **提示**

设置宏的安全性后，在打开包含代码的文件时，将弹出【安全警告】消息栏，如果用户信任该文件的来源，可以单击【安全警告】信息栏中的【启用内容】按钮，【安全警告】信息栏将自动关闭。此时，被禁用的宏将会被启用。

第 12 章

让别人快速明白你的意图
——报告型 PPT 实战

本章视频教学时间 / 2 小时 25 分钟

🎧 重点导读

烦琐、大量的数据容易使观众产生疲倦感和排斥感，可以通过各种图表和图形，将这些数据以最直观的形式展示给观众，让观众快速地明白这些数据之间的关联以及更深层的含义，为抉择提供依据。

📖 学习效果图

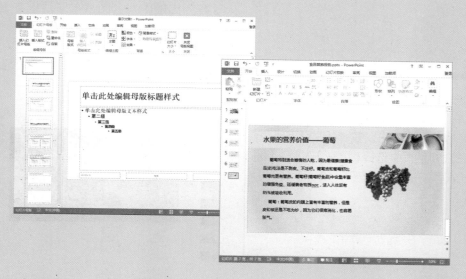

12.1 电脑销售报告 PPT

本节视频教学时间 /22 分钟

销售报告 PPT 就是要将数据以直观的图表形式展示出来，以便观众能够快速地了解到数据信息，所以在此类 PPT 中，合适应用图表十分关键。如果在图表中再配以动画形式，更能给人耳目一新的感觉。

12.1.1 设计幻灯片母版

除了首页和结束页外，其他幻灯片都以蓝天白云为背景，并在标题中应用动画效果。此形式可以在母版中进行统一设计，步骤如下。

1 启动 PowerPoint 2013

启动 PowerPoint 2013，单击【视图】选项卡【母版视图】组中的【幻灯片母版】按钮，切换到幻灯片母版视图，并在左侧列表中单击第 1 张幻灯片。

2 单击【文件】按钮

单击【幻灯片母版】选项卡【背景】组右下角的 按钮，在弹出的【设置背景格式】对话框中选择【填充】选项➤【图片或纹理填充】单选按钮，单击【文件】按钮。

3 插入图片

在弹出的【插入图片】对话框中选择"素材 \ch12\ 蓝天 .jpg"为幻灯片母版的背景。

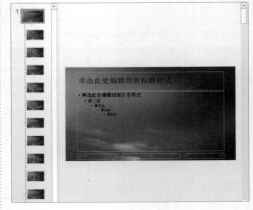

4 绘制 1 个矩形框

单击【插入】选项卡➤【插图】➤【形状】，在幻灯片上绘制 1 个矩形框，并单击【格式】选项卡➤【形状样式】➤【形状填充】➤【渐变】➤【线性对角 - 左上到右下】选项。

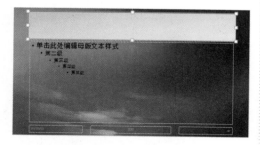

5 选择【组合】命令

重复步骤 4，在创建一个渐变色矩形，并设置【形状轮廓】为浅蓝色，然后选中两个矩形，单击鼠标右键，在弹出的快捷菜单上选择【组合】➤【组合】命令。

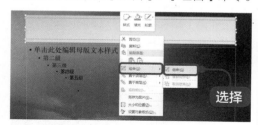

6 添加【劈裂】动画效果

给组合的矩形框添加【劈裂】动画效果，并将【开始】模式为【与上一动画同时】。

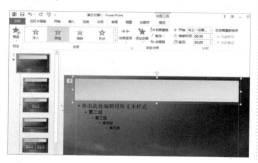

7 选择【下移一层】

选择组合后的矩形，单击【格式】➤【排列】➤【下移一层】。

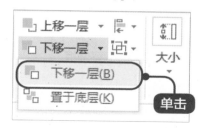

8 设置字体

将创建的矩形下移一层后，设置标题框内容的字体为"华文隶书"、字号为"48"。为标题内容应用【淡出】动画效果，【开始】模式为【上一动画之后】。

9 保存文件

单击快速访问工具栏中的【保存】按钮，将演示文稿保存为"个人电脑销售报告.pptx"。

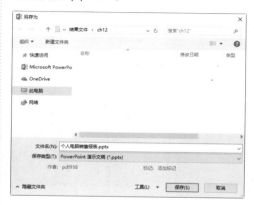

12.1.2 设计首页和报告摘要幻灯片

设计首页和报告摘要幻灯片的步骤如下。

1 选中【隐藏背景图形】复选框

在【幻灯片母版】视图中，选择左侧的第 2 张幻灯片，选中【背景】组中的【隐藏背景图形】复选框。

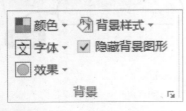

2 设置背景

单击【幻灯片母版】选项卡【背景】组右下角的 按钮，在弹出的【设置背景格式】对话框中为此幻灯片设置背景为"素材 \ch12\ 电脑销售报告首页 .jpg"，如图所示。

3 添加副标题

单击【关闭母版视图】按钮，切换到普通视图，并在首页添加标题和副标题。

4 设置【开始】模式

为标题和副标题添加【淡出】动画效果，设置【开始】模式为"与上一动画同时"。

5 新建【仅标题】幻灯片

新建【仅标题】幻灯片，在标题文本框中输入"报告摘要"。

6 选择圆形和直线按钮

单击【插入】选项卡下【插图】组中的【形状】按钮，选择圆形和直线按钮，分别绘制 1 个圆形和 1 条直线。

7 设置线型

选中直线，然后单击【格式】选项卡，单击的【形状样式】组右下角的 ⊡ 按钮，在弹出的【设置形状格式】对话框中将直线的轮廓颜色设置为【白色】，宽度设置为"2 磅"。

8 填充颜色

在将圆图形填充为"白色"，在白色圆形和直线上方分别插入 1 个文本框，并分别输入"1"和"业绩综述"，并设置字体和颜色如下图所示。

9 次添加文字

按照上面的操作，绘制其他图形，并依次添加文字，最终效果如下图所示。

10 添加【擦除】动画效果

分别给四组组合图形添加【擦除】动画效果，并设置【效果选项】为"自左侧"，设置【开始】模式为"上一动画之后"。

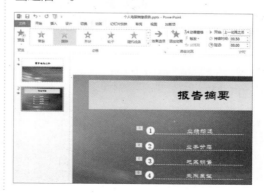

12.1.3 设计业绩综述幻灯片

设计业绩综述幻灯片的步骤如下。

1 新建幻灯片

新建 1 张【标题和内容】幻灯片，并输入标题"业绩综述"。

2 单击【确定】按钮

单击内容文本框中的【图表】按钮 ![图标]，在弹出的【插入图表】对话框中选择【三维簇状柱形图】选项，单击【确定】按钮。

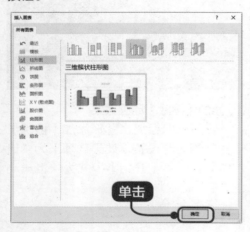

3 打开 Excel 工作簿

在打开的 Excel 工作簿中修改输入，如下图所示。

4 关闭 Excel 工作簿

关闭 Excel 工作簿，在幻灯片中即可插入相应的图表。

5 选择【样式 6】选项

选中刚创建的 SmartArt 图表，然后单击【设计】选项卡下【图表样式】组中的【其他】按钮，选择【样式 6】选项。

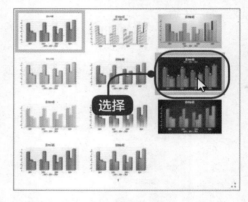

6 双击 SmartArt 图表

双击 SmartArt 图表，在弹出的【设置图表区格式】栏将填充颜色设置为【无填充】，将【边框】设置为【无线条】，如下图所示。

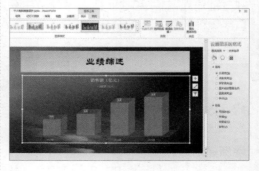

7 绘制箭头形状

绘制一个箭头形状，填充为"红色渐变色"。

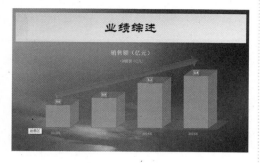

8 调整各个顶点

右击箭头图形，选择【编辑顶点】选项，调整各个顶点，如下图所示。

12.1.4 设计业务种类幻灯片

设计业务种类幻灯片的步骤如下。

1 新建幻灯片

新建 1 张【仅标题】幻灯片，并输入标题"业务分类"。

2 选择长方体图标

单击【插入】➤【插图】➤【形状】，

9 选择图表

选择图表，为其添加【擦除】动画效果，设置【效果选项】为"自底部"，设置【开始】模式为【与上一动画同时】，设置【持续时间】为"1.5"秒。选择红色箭头，为其应用【擦除】动画效果，设置【效果选项】为"自左侧"，设置【开始】模式为"与上一动画同时"，设置【持续时间】为"1.5"秒。

在基本形状中选择长方体图标，绘制 1 个长方体。

3 绘制其他形状

按照上面的方法，分别绘制其他 3 个长方体形状。

> **提示**
>
> 可以选择第一个长方体，然后通过复制、粘贴绘制后面的三个长方体，并对长方体的大小、颜色进行修改。

4 添加文字

在立方体的正面和上面添加文字，如下图所示。

5 调整位置组合

使用直线工具，在立方体的左侧绘制直线和带箭头的直线，并调整位置组合为如下图形。

6 插入文本框

在带箭头直线的右侧插入文本框，并输入说明文字。

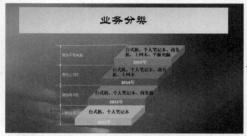

7 组合文字

将各个立方体及文字组合，并将左侧的直线和文字组合。

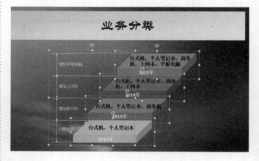

8 设置【开始】模式

选择"2012年"立方体组合，为其应用【浮入】动画效果，设置【效果选项】为"上浮"，设置【开始】模式为"与上一动画同时"。

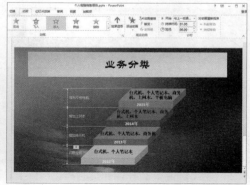

⑨ **设置【效果选项】**

选择其他立方体组合，为其应用【浮入】动画效果，设置【效果选项】为【上浮】，设置【开始】模式为"与上一动画同时"，【延迟】时间分别设置为"1.0秒""2.0秒"和"3.0秒"。

⑩ **应用【擦除】动画效果**

选择左侧直线及文字组合图形，为其应用【擦除】动画效果，设置【效果选项】为"自底部"，设置【开始】模式为"上一动画之后"，设置【持续时间】为"5.0"秒。

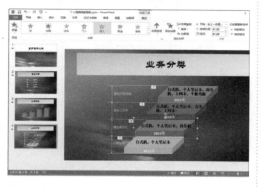

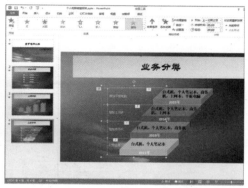

12.1.5 设计销售组成和地区销售幻灯片

设计销售组成幻灯片和地区销售幻灯片的具体操作步骤如下。

第 1 步：设计销售组成幻灯片

① **新建幻灯片**

新建 1 张【标题和内容】幻灯片，并输入标题"销售组成"。

图】➤【三维饼图】选项，单击【确定】按钮。

② **单击【确定】按钮**

单击内容文本框中的图表按钮，在弹出的【插入图表】对话框中选择【饼

③ **修改数据**

在打开的 Excel 工作簿中修改数据，如下图所示。

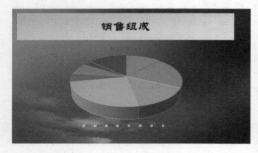

4 插入相应图表

关闭 Excel 工作簿，幻灯片中即可插入相应的图表。

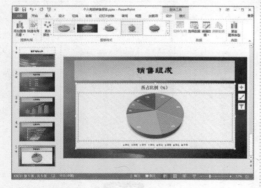

5 选择样式 9

选择图表，然后单击【设计】➤【图表样式】，选择样式 9，结果如下图所示。

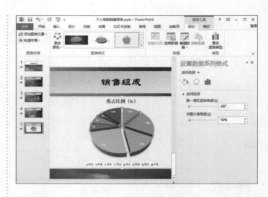

6 设置数据系列格式

选择饼状图并双击，在弹出的【设置数据系列格式】窗格中将饼状分离程度设置为 10%。

7 添加【缩放】动画效果

选择图表，为其添加【缩放】动画效果，并设置【开始】模式为"上一动画之后"。

第 2 步：设计地区销售幻灯片

1 新建幻灯片

新建 1 张【标题和内容】幻灯片，并输入标题"各地区销售额"。

2 单击【确定】按钮

单击内容文本框中的图表按钮 ，在弹出的【插入图表】对话框中选择【条形图】➤【三维簇状条形图】选项，单击【确定】按钮。

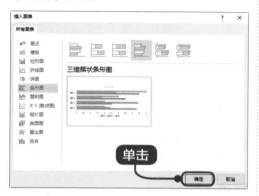

3 修改输入内容

在 Excel 工作簿中修改输入如下。

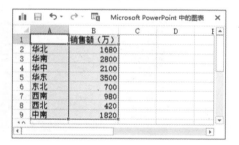

4 关闭 Excel 工作簿

关闭 Excel 工作簿，幻灯片中即可插入相应的图表。

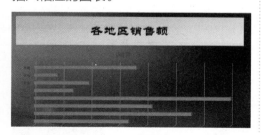

5 选择样式6

为选择图表，然后单击【设计】➤【图表样式】，选择样式6，结果如下图所示。

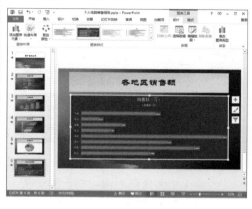

6 添加【擦除】动画效果

选择图表，为其添加【擦除】动画效果，并设置【效果选项】为【自左侧】，设置【开始】模式为"上一动画之后"，持续时间 1.5 秒。

12.1.6 设计未来展望和结束页幻灯片

设计未来展望幻灯片和结束页幻灯片的步骤如下。

1 新建幻灯片

新建 1 张【仅标题】幻灯片，并输入标题"未来展望"。

2 填充颜色

绘制 1 个圆角矩形框和向上的箭头，并设置圆角矩形的【形状填充】为"白色"。

3 设置形状格式

选择向上箭头，单击【格式】选项卡➤【形状样式】组的右下角箭头 ，在弹出的【设置形状格式】窗格中对箭头进行如下设置。

4 添加文字

在图形中添加文字，如下图所示。

5 填充颜色和字体

选中矩形框和箭头进行复制，复制后对箭头的填充色和文字进行修改，结果如下图所示。

6 添加【擦除】动画效果

选择所有图形，并组合为1个图形，为其添加【擦除】动画效果，并设置【效果选项】为"自底部"，设置【开始】模式为"上一动画之后"，设置【持续时间】为"2.0"秒。

8 效果图

至此，个人电脑销售报告 PPT 制作完成，还可以为幻灯片的切换应用合适的效果，此处不再赘述。

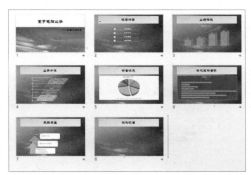

7 输入"谢谢观看"

新建1张【仅标题】幻灯片，并输入"谢谢观看"。

12.2 服装市场研究报告 PPT

本节视频教学时间 /36 分钟

本实例是将服装市场的研究结果以 PPT 的形式展示出来，以供管理人员观看、商议，并针对当前的市场制定决策。

12.2.1 设计幻灯片母版

除了首页和结束页外，其他幻灯片的背景由3种不同颜色的形状和动态的标题框组成，设计幻灯片母版的具体步骤如下。

1 启动 PowerPoint 2013

启动 PowerPoint 2013，进入 PowerPoint 工作界面。单击【视图】选项卡【母版视图】组中的【幻灯片母版】按钮，切换到幻灯片母版视图，并在左侧列表中单击第1张幻灯片。

2 选择【编辑顶点】选项

设置【幻灯片大小】为"宽屏(16:9)"，然后绘制 1 个矩形框并单击右键，在弹出的快捷菜单中选择【编辑顶点】选项，调整下方的两个顶点，最终效果如图所示。

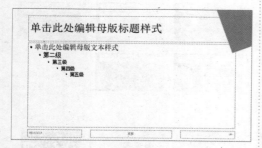

3 调整图形

按照此方法绘制并调整另外两个图形，如图所示。

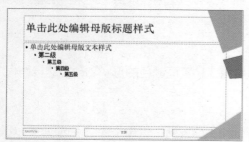

4 单击【插入】按钮

单击【插入】选项卡【图像】组中的【图片】按钮，在弹出的【插入图片】对话框中选择"素材 \ch12\ 服装市场研究报告图标 .png"，单击【插入】按钮，将"图标"插入到幻灯片中。

5 设置形状格式

选择标题框，单击【格式】选项卡【形状样式】组右下角的 ⬚，在弹出的【设置形状格式】窗中对标题的填充和效果进行设置，如下图所示。

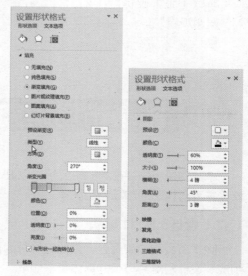

6 设置字体

对标题框进行调整，并设置文字字体为"华文隶书"，字号为"36"，结果如下图所示。

7 添加【淡出】动画效果

为图标添加【淡出】动画效果，设置【开始】模式为"与上一动画同时"，为标题框添加【擦除】动画效果，设置【效果选项】为"自左侧"，设置【开始】模式为"上一动画之后"，两个动画的持续时间都设置为 1 秒。

12.2.2 设计首页和报告概述幻灯片

设计首页和报告概述幻灯片的具体步骤如下。

1 隐藏背景图形

在幻灯片母版视图中，在左侧列表中选择第 2 张幻灯片，选中【幻灯片母版】选项卡的【背景】组中的【隐藏背景图形】复选框。

8 单击【保存】按钮

单击快速访问工具栏中的【保存】按钮，将演示文稿保存为"服装市场研究报告 .pptx"。

2 插入图片

单击【插入】选项卡【图像】组中的【图片】按钮，在弹出的【插入图片】对话框中选择"素材 \ch12\ 服装市场研究报告背景 .jpg"。

3 选择"柔化边缘椭圆"

选中图片，然后单击【格式】选项

卡【图片样式】组图片样式的 ▾ 按钮，在弹出的列表中选择"柔化边缘椭圆"。

4 返回普通视图

单击【幻灯片母版】选项卡中的【关闭母版视图按钮】按钮，返回普通视图。

5 添加标题文字

添加标题和副标题文字，并设置标题框为"无填充""无边框"，字体颜色为"白色"。

6 新建幻灯片

新建 1 张"标题和内容"幻灯片，并输入标题"报告概述"。

7 单击 SmartArt 图标

单击 SmartArt 图标 ，在弹出的列表中选择"垂直图片重点列表"。

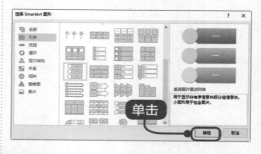

8 插入 SmartArt 图表

单击【确定】按钮，插入 SmartArt 图表后如下图所示。

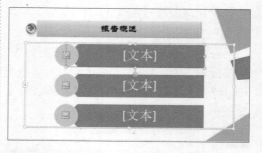

9 输入相应文字

选中文本框和图片进行复制粘贴操作，然后单击图片标识，在弹出的【插入图片】对话框中选择"素材 \ch12\T 恤 .png"，最后在文本框中输入相应的文字并对字体进行相应设置。

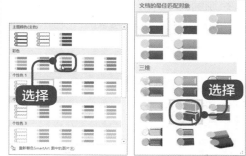

⑩ 选择"砖块场景"

选择 SmartArt 表,然后单击【设计】选项卡,单击"更改颜色"下拉按钮,在弹出的下拉列表中选择"彩色范围—个性色 3 至 4"。然后单击"SmartArt样式"组的下拉按钮 ▼,在弹出的下拉列表中选择"砖块场景"。

12.2.3 设计服装行业背景幻灯片

设计产业链幻灯片、属性特征幻灯片、上下游概况幻灯片等行业背景幻灯片的具体步骤如下。

第 1 步:设计产业链幻灯片

① 新建 1 张幻灯片

新建 1 张幻灯片,并输入标题"服装行业背景:产业链"。

③ 插入 3 个椭圆

插入 3 个椭圆,并添加文字。

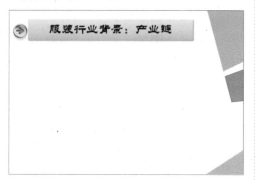

② 添加文字

使用矩形工具绘制 10 个矩形框,按照下图进行组合,并添加文字。

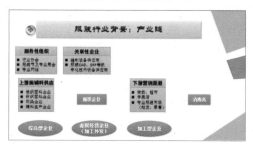

4 绘制箭头

按照下图绘制箭头和产业链的流向图形，如下图所示。

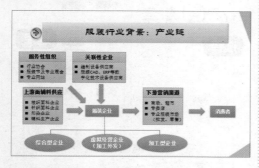

5 选择"线性标注 2"

单击【插入】选项卡【插图】组中形状下拉按钮，选择"线性标注 2"，并输入文字，结果如下图所示。

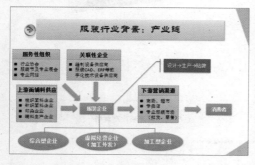

6 添加【淡出】动画效果

从左至右给矩形框和椭圆添加【淡出】动画效果，设置【开始】模式为"上一动画之后"。从左至右为箭头添加【擦除】动画效果，设置【效果选项】为"自顶部"，设置【开始】模式为"上一动画之后"。最后给"线性标注"添加【淡出】动画效果，设置【开始】模式为"上一动画之后"。

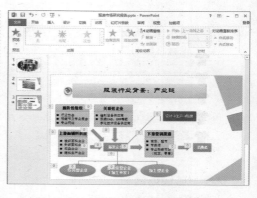

第 2 步：设计属性特征幻灯片

1 新建幻灯片

新建 1 张"标题和内容"幻灯片，并输入标题"服装行业背景：属性特征"。

2 选择【基本射线图】

单击 ▦ 按钮，在弹出的【选择 SmartArt 图形】对话框中选择【循环】列表中的【基本射线图】。

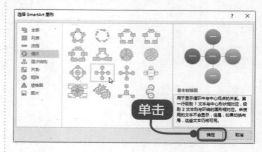

③ 插入 SmartArt 图形

单击【确定】按钮，插入 SmartArt 图形后如下图所示。

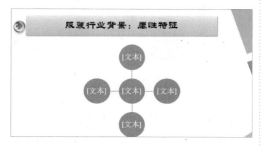

④ 单击【降级】按钮

选中 4 个二级文本框，然后按【CTRL+C】组合键，在空白处按【CTRL+V】组合键进行粘贴，然后单击 SmartArt 图形左侧的 ，在弹出的输入文字文本框中选中相应的文本框，然后单击【设计】选项卡【创建图形】组的【降级】按钮，将复制的文本降级。

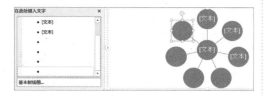

⑤ 设置形状格式

重复步骤 4，再复制两个二级文本，然后选中中间的一级文本，单击【格式】选项卡【形状样式】组右下角的 ，在弹出的【设置形状格式】窗口将文本框的高度和宽度都设置为 3.5 厘米。

⑥ 输入相应文字

在文本框中输入相应的文字，如下图所示。

⑦ 添加【缩放】动画效果

选中 SmartArt 图形，并添加【缩放】动画效果，设置消失点的【效果选项】为"对象中心"，序列为【逐个级别】，设置【开始】模式为"上一动画之后"，持续时间为 1 秒。

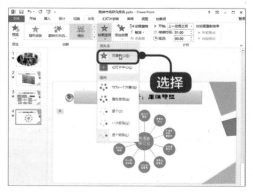

⑧ 更改颜色样式

单击【设计】选项卡，在【SmartArt 样式】组中将颜色更改为【彩色—着色】，将样式更改为【砖块场景】。

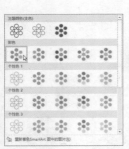

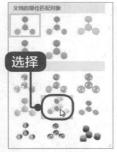

9 更改 SmartArt 图形颜色

SmartArt 图形的颜色和样式更改后如下图所示。

第3步：设计上下游概况幻灯片

1 新建幻灯片

新建 1 张"标题和内容"幻灯片，输入标题"服装行业背景：上下游概况"。

2 选择 SmartArt 图形

单击 按钮，在弹出的【选择 SmartArt 图形】对话框中选择【列表】中的【垂直 V 形列表】。

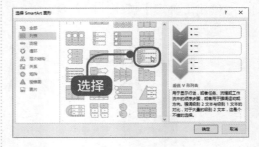

3 插入 SmartArt 图形

插入 SmartArt 图形后输入相应的文字，如下图所示。

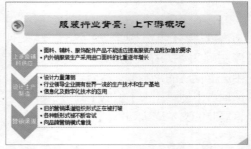

4 添加【擦除】动画效果

选中 SmartArt 图形，并添加【擦除】动画效果，设置方向的【效果选项】为"自顶部"，序列为【逐个】，设置【开始】模式为"上一动画之后"，持续时间为 1 秒。

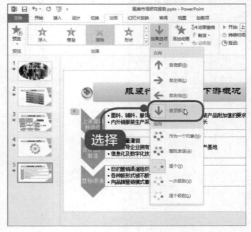

5 更改颜色

单击【设计】选项卡,在【SmartArt 样式】组中将颜色更改为【彩色范围—着色 5 至 6】。

12.2.4 设计市场总量分析幻灯片

设计市场总量分析幻灯片的具体操作步骤如下。

1 新建幻灯片

新建 1 张 "标题和内容" 幻灯片,并输入标题 "市场总量分析"。

2 单击【确定】按钮

单击内容文本框中的图表按钮 ,在弹出的【插入图表】对话框中选择【三维簇状柱形图】选项,单击【确定】按钮。

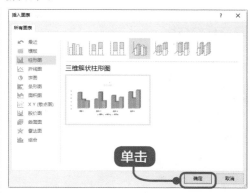

3 修改数据

在打开的 Excel 工作簿中修改数据,如下图所示。

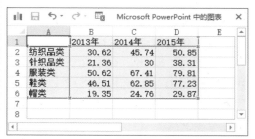

④ 关闭 Excel 工作簿

关闭 Excel 工作簿，幻灯片中即可插入相应的图表，并输入图表标题"商品销售额（亿元）"。

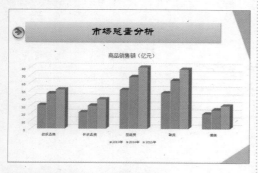

⑤ 添加【浮入】动画效果

选中图表，并添加【浮入】动画效果，

设置方向的【效果选项】为"上浮"，序列为【按系列】，设置【开始】模式为"上一动画之后"，持续时间为 1 秒。

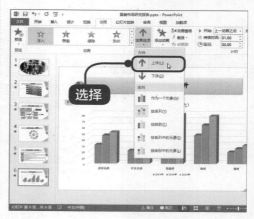

12.2.5 设计竞争力分析和结束页幻灯片

设计竞争力分析幻灯片和结束页幻灯片的具体操作步骤如下。

① 新建幻灯片

新建 1 张"标题和内容"幻灯片，输入标题"国际竞争力"。

② 选择【垂直重点列表】

单击 ![] 按钮，在弹出的【选择 SmartArt 图形】对话框中选择【垂直重点列表】。

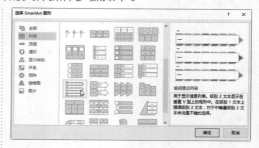

③ 输入相应文字

插入 SmartArt 图形后输入相应的文字，如下图所示。

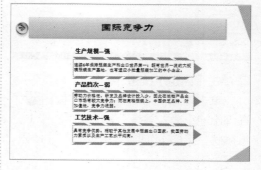

4 添加【随机线条】动画效果

选中 SmartArt 图形，并添加【随机线条】动画效果，设置方向的【效果选项】为"水平"，序列为【逐个】，设置【开始】模式为"上一动画之后"，持续时间为 2 秒。

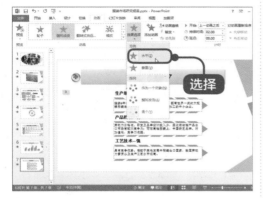

5 更改【彩色—着色】

单击【设计】选项卡，在【SmartArt样式】组中将颜色更改为【彩色—着色】。

6 创建完成

竞争力幻灯片创建完成后如下图所示。

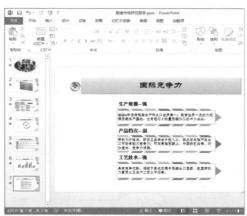

7 新建 1 张【标题幻灯片】

新建 1 张【标题幻灯片】，如下图所示。

8 插入 1 个文本框

插入 1 个文本框，并输入"谢谢观看！"。

⑨ 应用【轮子】动画效果

为标题应用【轮子】动画效果，设置轮辐图案【效果选项】为"轮辐图案（2）"，序列为【作为一个对象】，设置【开始】模式为"上一动画之后"，持续时间为2秒。

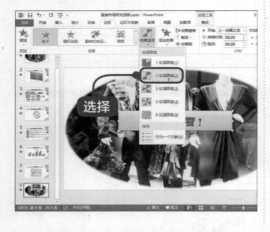

⑩ 浏览效果图

至此，服装市场研究报告PPT设计完成，按【F5】键进行浏览和观看。

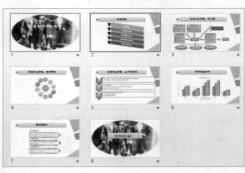

12.3 制作销售计划PPT

本节视频教学时间 /40分钟

销售计划从不同的层面可以分为不同的类型，如果从时间长短来分，可以分为周销售计划、月度销售计划、季度销售计划、年度销售计划等，如果从范围大小来分，可以分为企业总体销售计划、分公司销售计划、个人销售计划等。本节就是用PowerPoint制作一份销售部门的周销售计划PPT。

12.3.1 设置幻灯片母版

设置幻灯片母版的具体操作步骤如下。

① 启动 PowerPoint 2013

启动 PowerPoint 2013，新建幻灯片，并将其保存为"销售计划PPT.pptx"的幻灯片。单击【视图】选项卡【母版视图】组中的【幻灯片母版】按钮。

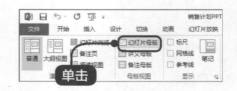

② 单击【图片】按钮

切换到幻灯片母版视图，并在左侧

列表中单击第 1 张幻灯片，单击【插入】选项卡下【图像】组中的【图片】按钮。

3 调整图片大小及位置

在弹出的【插入图片】对话框中选择"素材 \ch12\ 销售计划 \ 图片 7.jpg"文件，单击【插入】按钮，将选择的图片插入幻灯片中，选择插入的图片，并根据需要调整图片的大小及位置。

4 选择【置于底层】菜单命令

在插入的背景图片上单击鼠标右键，在弹出的快捷菜单中选择【置于底层】➤【置于底层】菜单命令，将背景图片在底层显示。

5 选择艺术字样式

选择标题框内文本，单击【格式】选项卡下【艺术字样式】组中的【快速样式】按钮，在弹出的下拉列表中选择一种艺术字样式。

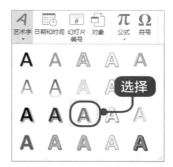

6 设置字体

选择设置后的艺术字。设置文字【字体】为"方正楷体简体"、【字号】为"60"，设置【文本对齐】为"左对齐"。此外，还可以根据需要调整文本框的位置。

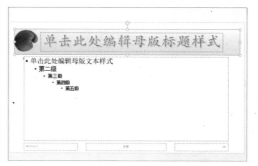

7 应用【擦除】动画效果

为标题框应用【擦除】动画效果，设置【效果选项】为"自左侧"，设置【开始】模式为"上一动画之后"。

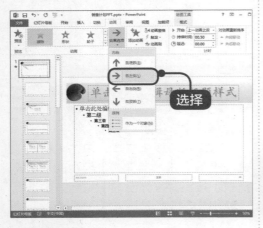

8 删除文本框

在幻灯片母版视图中，在左侧列表中选择第2张幻灯片，选中【幻灯片母版】选项卡下【背景】选项组中的【隐藏背景图形】复选框，并删除文本框。

9 单击【插入】按钮

单击【插入】选项卡下【图像】组中的【图片】按钮，在弹出的【插入图片】对话框中选择"素材\ch12\图片08.png"和"素材\ch12\图片09.jpg"文件，单击【插入】按钮，将图片插入幻灯片中，将"图片08.png"图片放置在"图片09.jpg"文件上方，并调整图片位置。

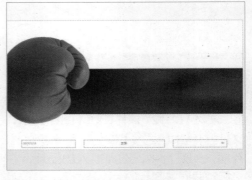

10 选择【组合】菜单命令

同时选择插入的两张图片并单击鼠标右键，在弹出的快捷菜单中选择【组合】➤【组合】菜单命令，组合图片并将其置于底层。

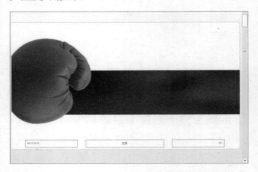

12.3.2 新增母版样式

新增灯片母版样式的具体操作步骤如下。

1 添加新的母版版式

在幻灯片母版视图中，在左侧列表中选择第2张幻灯片，单击【幻灯片母版】选项卡下【编辑母版】组中的【插入幻灯片母版】按钮，添加新的母版版式。

2 插入素材

在新建母版中选择第1张幻灯片，并删除其中的文本框，插入"素材\ch12\销售计划\图片8.png"和"素材\ch12\销售计划\图片9.jpg"文件，并将"图片8.png"图片放置在"图片9.jpg"文件上方。

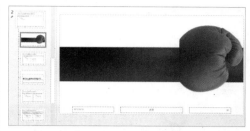

3 选择【水平翻转】选项

选择"图片08.png"图片，单击【格式】选项卡下【排列】组中的【旋转】按钮，在弹出的下拉列表中选择【水平翻转】选项，调整图片的位置，组合图片并将其置于底层。

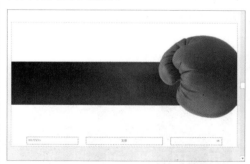

12.3.3 设计销售计划首页幻灯片

设计销售计划首页幻灯片页面的具体操作步骤如下。

1 选择艺术字样式

单击【幻灯片母版】选项卡中的【关闭母版视图按钮】按钮，返回普通视图，删除幻灯片页面中的文本框，单击【插入】选项卡下【文本】组中的【艺术字】按钮，在弹出的下拉列表中选择一种艺术字样式。

2 调整文本框位置

输入"黄金周销售计划"文本，设置其【字体】为"华文彩云"，【字号】为"80"，并根据需要调整艺术字文本框的位置。

3 设置艺术字样式

重复上面的操作步骤，添加新的艺术字文本框，输入"市场部"文本，并根据需要设置艺术字样式及文本框位置。

12.3.4 制作计划背景部分幻灯片

制作计划背景部分幻灯片页面的具体操作步骤如下。

1 绘制竖排文本框

新建"标题幻灯片"页面，并绘制竖排文本框，输入下图所示的文本，并设置【字体颜色】为"白色"。

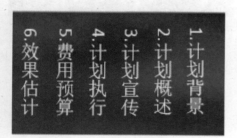

2 设置文本行距

选择"1.计划背景"文本，设置其【字体】为"方正楷体简体"，【字号】为"32"，【字体颜色】为"白色"，选择其他文本，设置【字体】为"方正楷体简体"，【字号】为"28"，【字体颜色】为"黄色"。同时，设置所有文本的【行距】为"双倍行距"。

3 输入"计划背景"

新建"仅标题"幻灯片页面，在【标题】文本框中输入"计划背景"。

4 打开素材

打开随书光盘中的"素材 \ch12\ 销售计划 \ 计划背景 .txt"文件，将其内容粘贴至文本框中，并设置字体。在需要插入符号的位置单击【插入】选项卡下【符号】组中的【符号】按钮，在弹出的对话框中选择要插入的符号。

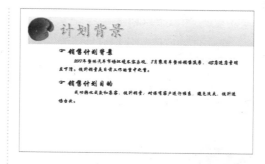

12.3.5 制作计划概述部分幻灯片

制作计划概述部分幻灯片页面的具体操作步骤如下。

1 复制幻灯片

复制第 2 张幻灯片并将其粘贴至第 3 张幻灯片下。

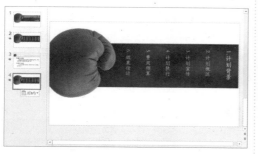

2 更改字体样式

更改"1. 计划背景"文本的【字号】

为"24"，【字体颜色】为"浅绿"。更改"2. 计划概述"文本的【字号】为"30"，【字体颜色】为"白色"。其他文本样式不变。

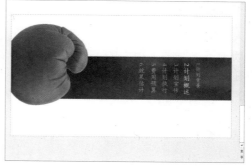

3 设置字体样式

新建"仅标题"幻灯片页面，在【标题】文本框中输入"计划概述"文本，打开随书光盘中的"素材 \ch12\ 销售计划 \ 计划概述 .txt"文件，将其内容粘贴至文本框中，并根据需要设置字体样式。

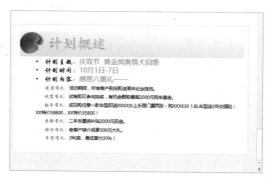

12.3.6 制作计划宣传部分幻灯片

制作计划宣传部分幻灯片页面的具体操作步骤如下。

1 设置字体样式

重复 12.3.5 小节中步骤 **1** ~ **2** 的操作，复制幻灯片页面并设置字体样式。

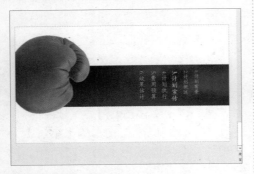

2 选择【圆点】选项

新建"仅标题"幻灯片页面，并输入标题"计划宣传"，单击【插入】选项卡下【插图】组中的【形状】按钮，在弹出的下拉列表中选择【线条】组下的【箭头】按钮，绘制箭头图形。在【格式】选项卡下单击【形状样式】组中的【形状轮廓】按钮，选择【虚线】➤【圆点】选项。

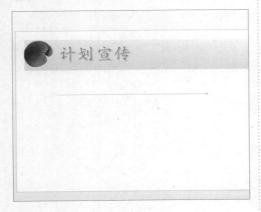

3 绘制其他线条

使用同样的方法绘制其他线条，以及绘制文本框标记时间和其他内容。

4 输入相关内容

根据需求绘制咨询图形，并根据需要美化图形，并输入相关内容。重复操作直至完成安排。

5 单击【确定】按钮

新建"仅标题"幻灯片页面，并输入标题"计划宣传"，单击【插入】选项卡下【插图】组中的【SmartArt】按钮，在打开的【选择 SmartArt 图形】对话框中选择【循环】➤【射线循环】选项，单击【确定】按钮，完成图形插入。根据需要输入相关内容及说明文本。

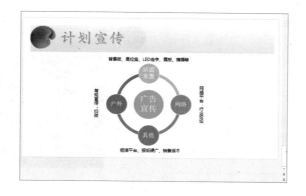

12.3.7 设置其他幻灯片页面

设置其他幻灯片页面的具体操作步骤如下。

1 执行相关页面

使用类似的方法制作计划执行相关页面，效果如下图所示。

2 效果图

使用类似的方法制作费用预算相关页面，效果如下图所示。

3 制作效果

重复 12.3.5 小节中步骤 1 ~ 2 的操作，制作效果估计目录页面。

4 单击【确定】按钮

新建"仅标题"幻灯片页面，并输入标题"效果估计"文本。单击【插入】选项卡下【插图】组中的【图表】按钮，在打开的【插入图表】对话框中选择【柱形图】➤【簇状柱形图】选项，单击【确定】按钮，在打开的 Excel 界面中输入下图所示的数据。

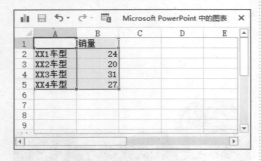

5 关闭 Excel 窗口

关闭 Excel 窗口，即可看到插入的图表，对图表适当美化，效果如下图所示。

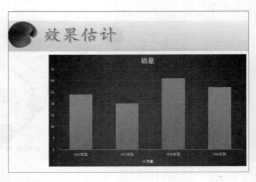

6 设置字体样式

单击【开始】选项卡下【幻灯片】选项组中的【新建幻灯片】按钮，在弹出的下拉列表中选择【Office 主题】组下的【标题幻灯片】选项，绘制文本框，并输入"努力完成销售计划！"文本。并根据需要设置字体样式。

12.3.8 添加切换和动画效果

添加切换和动画效果的具体操作步骤如下。

1 选择【帘式】切换效果

选择要设置切换效果的幻灯片，这里选择第 1 张幻灯片。单击【切换】选项卡下【切换到此幻灯片】选项组中的【其他】按钮，在弹出的下拉列表中选择【华丽型】下的【帘式】切换效果，即可自动预览该效果。

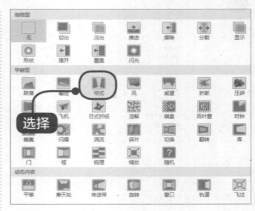

2 设置不同的切换效果

在【切换】选项卡下【计时】选项组中【持续时间】微调框中设置【持续时间】为"03.00"。使用同样的方法，为其他幻灯片页面设置不同的切换效果。

3 选择【浮入】选项

选择第 1 张幻灯片中要创建进入动画效果的文字。单击【动画】选项卡【动画】组中的【其他】按钮，弹出如下图所示的下拉列表。在下拉列表的【进入】区域中选择【浮入】选项，创建此进入动画效果。

4 选择【下浮】选项

添加动画效果后，单击【动画】选项组中的【效果选项】按钮，在弹出的下拉列表中选择【下浮】选项。

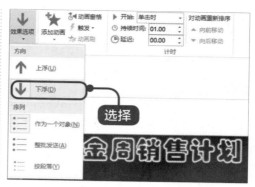

5 设置【持续时间】

在【动画】选项卡的【计时】选项组中设置【开始】为"上一动画之后"，设置【持续时间】为"01.50"。

6 效果图

使用同样的方法为其他幻灯片页面中的内容设置不同的动画效果。最终制作完成的销售计划 PPT 如下图所示。

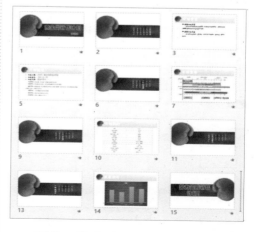

至此，就完成了产品销售计划 PPT 的制作。

12.4 食品营养报告 PPT

本节视频教学时间 /41 分钟 🎬

食品的营养取决于食品中营养素的含量。在本 PPT 中通过图形、文字、表格及图表直观、形象地展示了食品营养的相关知识。

12.4.1 设计幻灯片母版

除了首页和结束页幻灯片，其他幻灯片均使用含有食品图片的标题框和渐变色背景，可在母版中进行统一设计。

1 启动 PowerPoint 2013

启 动 PowerPoint 2013， 进 入 PowerPoint 工作界面。

2 单击第 1 张幻灯片

单击【视图】选项卡下【母版视图】组中的【幻灯片母版】按钮，切换到幻灯片母版视图，并在左侧列表中单击第 1 张幻灯片。

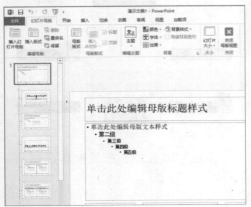

3 选择【黄橙色】选项

单击【幻灯片母版】选项卡【背景】组中的【颜色】按钮，在弹出的下拉列表中选择【黄橙色】选项。

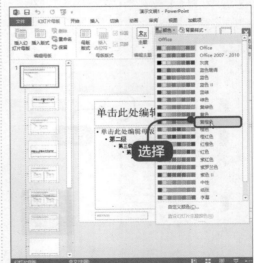

4 设置背景格式

单击【幻灯片母版】选项卡【背景】组右侧的 按钮，弹出【设置背景格式】窗格。

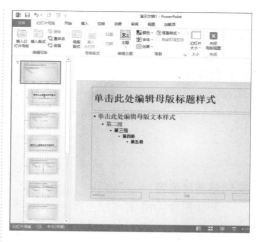

5 设置填充样式

设置填充为【渐变填充】样式，设置【类型】为"射线"，【方向】为"中心辐射"。

6 单击【关闭】按钮

单击窗格中的【关闭】按钮，母版中所有的幻灯片即可应用此样式。

7 设置文本框

绘制一个矩形框，宽度和幻灯片的宽度一致，并设置【形状填充】的【主题颜色】为"褐色，着色2，淡色80%"，设置【形状轮廓】为"无轮廓"。然后调整标题文本框的大小和位置，并设置文本框内文字的字体为"微软雅黑"，字号为"32"，如下图所示。

8 单击【插入】按钮

单击【插入】选项卡【图像】组中的【图片】按钮，在弹出的【插入图片】对话框中浏览到"素材\ch12"文件夹，选择"图片1.png""图片2.png"和"图片3.png"，单击【插入】按钮，将图片插入到母版中。

9 调整图片位置

调整图片的位置，如下图所示进行排列。

10 单击【保存】按钮

单击【关闭母版视图】按钮，再单击快速工具栏中的 ■ 按钮，在弹出的【另存为】对话框中浏览到要保存演示文稿的位置，并在【文件名】文本框中输入"食品营养报告"，并单击【保存】按钮。

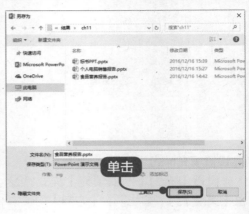

12.4.2 设计首页效果

设计首页幻灯片的具体操作步骤如下。

1 单击【幻灯片母版】按钮

单击【视图】选项卡【母版视图】组中的【幻灯片母版】按钮，切换到母版视图。

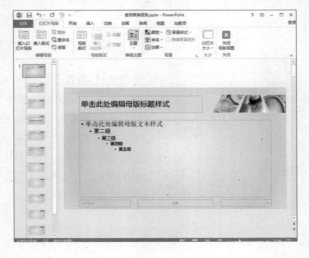

2 隐藏背景图形

在左侧列表中选择第 2 张幻灯片，选中【背景】组中的【隐藏背景图形】复选框，以隐藏母版中添加的图形。

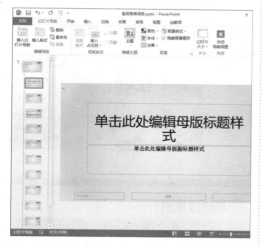

3 单击【文件】按钮

在右侧的幻灯片上右击，在弹出的快捷菜单中选择【设置背景格式】选项，在弹出窗格的【填充】区域中选中【图片或纹理填充】单按钮，并单击【文件】按钮。

4 单击【插入】按钮

在弹出的【插入图片】对话框中浏览到"素材 \ch12\ 营养报告背景 .jpg"

文件，单击【插入】按钮。

5 设置背景格式

单击【设置背景格式】窗格中的【关闭】按钮，插入的图片就会作为幻灯片的背景。

6 单击【图片】按钮

单击【插入】选项卡【图像】组中的【图片】按钮，再次插入"素材 \ch12\ 营养报告背景 .jpg"文件。

7 裁剪图片

选择插入的图片，选择【图片工具】➤【格式】选项卡，单击【大小】组中的【裁剪】按钮，裁剪图片如下图所示。

8 单击【关闭】按钮

选择裁剪后的图片，单击【调整】组中的【艺术效果】按钮，在弹出的列表中选择【艺术效果】选项，在弹出的窗格中设置【艺术效果】为"虚化"，设置【辐射】为"36"，单击【关闭】按钮。

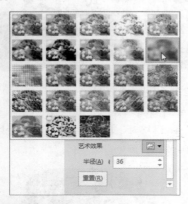

9 设置首页

单击【幻灯片母版】选项卡中的【关

闭母版视图】按钮，返回普通视图，设置的首页如下图所示。

10 最终效果图

在幻灯片上输入标题"食品与营养"和副标题"——中国食品营养调查报告"，并设置字体、颜色、字号和艺术字样式，最终效果如下图所示。

12.4.3 设计食品分类幻灯片

设计食品分类页幻灯片的具体操作步骤如下。

第 1 步：绘制图形

1 新建一张幻灯片

新建一张幻灯片，在标题文本框中输入"食品来源分类"，并删除下方的内容文本框。

2 绘制一个椭圆

在幻灯片上使用形状工具绘制一个椭圆，并应用【形状样式】组中的【细微效果 - 橙色，强调颜色 6】样式。

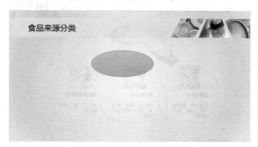

3 设置椭圆

在椭圆的上方再绘制一个椭圆，应用【形状样式】区域中的橙色样式，再设置椭圆的三维格式，参数如下图所示。

4 效果图

设置完成后最终效果如下图所示。

5 填充渐变色

使用形状工具绘制一个左方向箭头，并填充为红色渐变色，如下图所示。

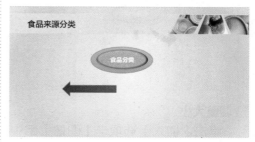

6 选择【删除顶点】选项

选择箭头并右击，在弹出的快捷菜单中选择【编辑顶点】选项，箭头周围会出现 7 个小黑点，选择右下角的黑点并右键单击，在弹出的快捷菜单中选择【删除顶点】选项。

7 调整箭头

调整箭头处和尾部的顶点，调整为如下图形。

⑧ 绘制下方向箭头

按照上面的操作步骤，绘制下方向箭头和右方向箭头。

⑨ 调整大小

单击【插入】选项卡【图像】组中的【图片】按钮，插入"素材 \ch12"文件夹中的"图片4.jpg""图片5.jpg"和"图片6.jpg"，调整大小并排列为如下形式。

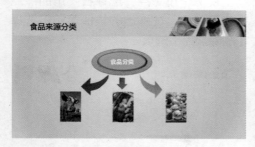

⑩ 选择【编辑文字】选项

绘制3个圆角矩形，并设置【形状填充】为"白色"、【形状轮廓】为"浅绿"，然后右击形状，选择【编辑文字】选项，输入相应的文字，如下图所示。

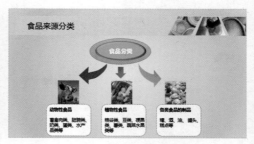

第2步：添加动画

① 组合图形

按住【Ctrl】键选择【食品分类】的两个椭圆形状并右击，在弹出的快捷菜单中选择【组合】➤【组合】选项，将图形组合在一起。

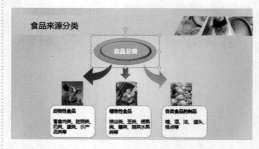

② 重复操作

使用同样的方法，将3个箭头组合在一起，将3张图片和3个圆角矩形组合在一起，如下图所示。

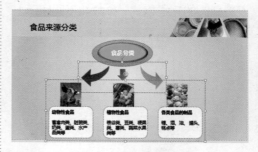

③ 选择【与上一动画同时】选项

选择【食品分类】组合，单击【动画】选项卡【动画】组中的【动画样式】按钮，在下拉列表中选择【淡出】选项，并在【计时】组的【开始】下拉列表中选择【与上一动画同时】选项。

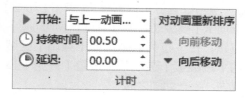

4 选择【上一动画之后】选项

选择箭头组合图形，在【动画样式】下拉列表中选择【擦除】效果，单击【效果选项】按钮，选择【自顶部】选项，并在【计时】组的【开始】下拉列表中选择【上一动画之后】选项。

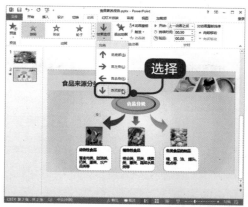

5 最终效果图

选择下方的组合，应用【擦除】动画效果，设置方法和箭头动画一致，最终效果如图所示。

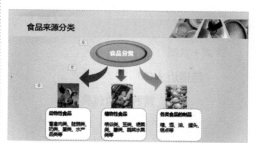

12.4.4 设计文字描述幻灯片

设计"食物营养价值的评定"和"评价食物营养价值指标"幻灯片的具体操作步骤如下。

1 新建一张幻灯片

新建一张幻灯片，在标题文本框中输入"食物营养价值的评定"。

2 输入文本内容

在内容文本框中输入以下文字。

3 设置字体

设置字体为"微软雅黑"、字号为"52",并设置"种类"文本【字体颜色】为"红色"、"含量"文本【字体颜色】为"蓝色",并设置为"加粗"样式。

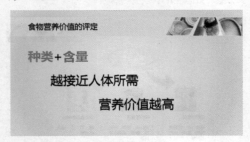

4 应用【劈裂】动画效果

为"种类+含量"应用【劈裂】动画效果,设置【效果选项】为"中央向左右展开",设置【开始】模式为"与上一动画同时"。为"越接近人体所需"应用【淡出】动画效果,设置【开始】模式为"上一动画之后"。为"营养价值越高"应用【缩放】动画效果,设置【效果选项】为"对象中心",设置【开始】模式为"上一动画之后"。

5 选择【跷跷板】选项

选中"营养价值越高",单击【动画】选项卡【高级动画】组中的【添加动画】按钮,在下拉列表中选择【强调】区域的【跷跷板】选项,并设置【开始】模式为"上一动画之后"。

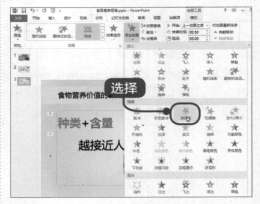

6 输入标题文本

新建一张幻灯片,并在标题文本框中输入"评价食品营养价值指标"。

7 设置字体

在内容文本框中输入以下内容，并设置"食物营养质量指数"字体为"微软雅黑"，字号为"36"，颜色为"红色"。

8 添加两个文本框

添加两个文本框和一条直线，并输入以下内容。

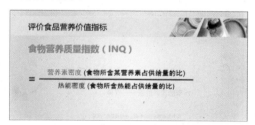

9 应用【淡出】动画效果

为"食物营养质量指标"和"="应用【淡出】动画效果，为横线和上下的文本框应用【擦除】动画效果，并设置【效果选项】为"自左侧"，设置所有动画的【开始】模式为"上一动画之后"。

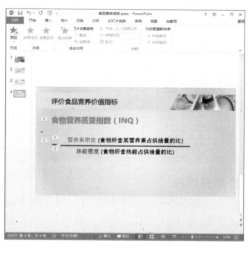

12.4.5 设计表格和图文幻灯片

设计食物种营养素含量表格和图文描述幻灯片的步骤如下。

1 新建幻灯片

新建一张【仅标题】幻灯片，并在标题文本框中输入"几种食物中营养素的 INQ 值"。

② 单击【确定】按钮

单击【插入】选项卡【表格】组中的【表格】按钮，在下拉列表中选择【插入表格】选项，在弹出的对话框中输入【列数】为"6"，【行数】为"8"，单击【确定】按钮，插入表格，并在表格中输入内容。

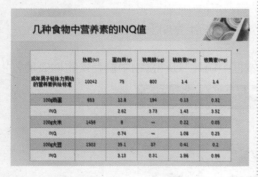

③ 填充颜色

选择表格，选择【表格工具】➤【设计】选项卡，应用一种【表格样式】组中的样式，对表格进行美化。然后选择第 3、5 和 7 行，并填充底纹为"褐色，着色 3，淡色 40%"。

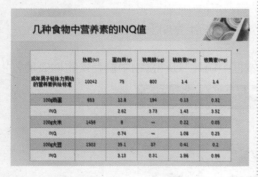

④ 绘制一个椭圆

使用形状工具绘制一个椭圆，并设置【形状轮廓】为"红色"，设置【形状填充】为"无填充颜色"。使用椭圆标注出表格中食物营养素含量比较高的数值。

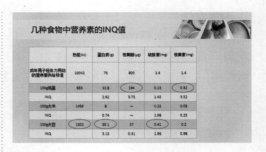

⑤ 设置字体

新建一张幻灯片，输入标题"水果的营养价值——香蕉"和内容，并设置字体为"微软雅黑"，设置标题的字号为"32"、内容的字号为"20"，如下图所示。

⑥ 单击【插入】按钮

单击【插入】选项卡【图像】组中的【联机图片】按钮，在弹出的搜索框中输入"香蕉"，单击搜索按钮，然后选择要插入的图片，如下图所示。

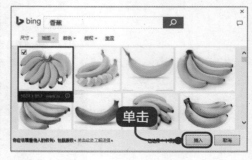

提示

在使用联机搜索图片时，需要计算机连接到互联网。

7 插入图片

单击【插入】按钮，将选中的图片插入到幻灯片后如下图所示。

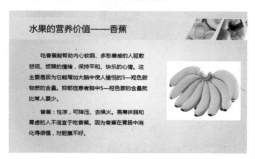

8 单击【标记要删除的区域】按钮

选中图片，然后单击【格式】选项卡下的【调整】组的【删除背景】选项，PowerPoint 自动添加一个【删除背景】选项卡，单击【标记要删除的区域】按钮，拖动句柄选择要删除的区域，如下图所示。

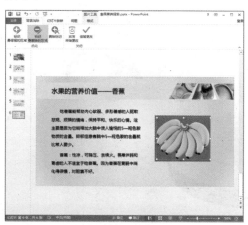

9 单击【保留更改】

选定删除的区域后单击【保留更改】，结果如下图所示。

10 调整大小和位置

新建一张幻灯片，输入标题和内容，并按照第 6 张幻灯片设置字体和字号。然后重复 6~9 步插入一张"葡萄"图片，调整大小和位置，如下图所示。

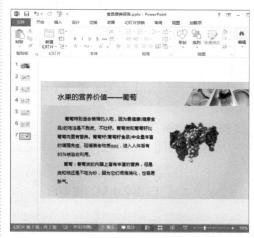

12.4.6 设计图表和结束页幻灯片

设计图表幻灯片和结束页幻灯片的步骤如下。

1 新建幻灯片

新建一张【标题和内容】幻灯片，并输入标题"白领吃水果习惯调查"。

2 单击【确定】按钮

单击内容文本框中的图表按钮 ，在弹出的【插入图表】对话框中选择【饼图】➤【三维饼图】选项，单击【确定】按钮。

3 修改数据

在打开的 Excel 工作簿中修改数据如下。

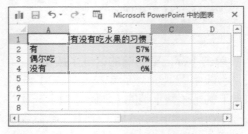

4 关闭 Excel 工作簿

保存并关闭 Excel 工作簿，即可在幻灯片中插入图表，并修改图表如下图所示。

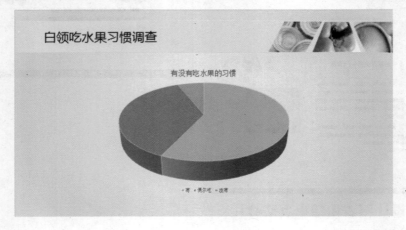

5 选择样式 9

选择图表，然后单击【设计】➤【图表样式】，选择样式 9，结果如下图所示。

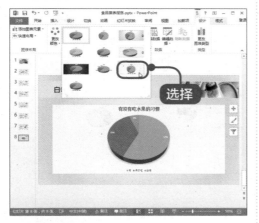

6 设置数据系列格式

选择 57% 的饼状图并双击，在弹出的【设置数据系列格式】窗格中将饼状【点爆炸型】设置为 5%。然后在选择其他两个饼状图并双击，将【点爆炸型】设置为 15%，如下图所示。

7 饼图创建完成

饼图创建完成后结果如下图所示。

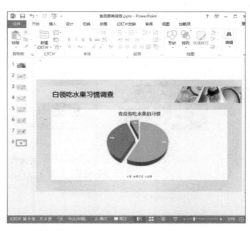

8 新建一张幻灯片

参照步骤 1~ 步骤 6，新建一张幻灯片，如下图所示。

9 应用【轮子】动画效果

为第 8 张幻灯片中的图表应用【轮子】动画效果，为第 9 张幻灯片中的图表应用【形状】动画效果，均设置【开始】模式为"与上一动画同时"。

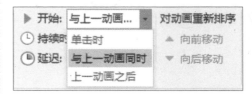

10 **设置艺术字格式**

新建一张【标题幻灯片】，并输入"谢谢观看！"，设置一种艺术字格式，并应用【淡出】动画效果，制作完成的食品营养报告 PPT 效果如下图所示。

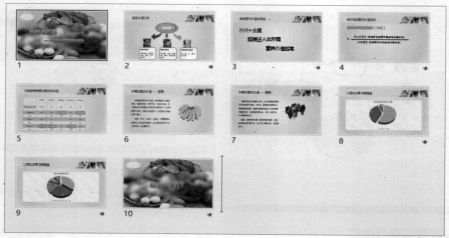

技巧 1 ● PPT 的完整结构

一份完整的 PPT 主要包括首页、引言、目录、章节过渡页、正文、结束页等。

1. 首页

首页是幻灯片的第一个页面，用于显示该幻灯片的名称、作用、目的、作者以及日期等信息。下图所示的幻灯片首页显示幻灯片的名称以及作用。

2. 引言页面

引言页面可用于介绍企业 LOGO、宣传语以及其他非正文内容的文本，让听众对幻灯片有大致的了解。下图所示的引言页面就显示了企业的 LOGO 以及宣传语。

3. 目录页面

目录页面主要列举 PPT 的主要内容，可以在其中添加超链接，便于从目录页面进入任何其他页面。

4. 章节过渡页

章节过渡页面起到承上启下的作用，内容要简洁，突出主题。也可以将章节过渡页作为留白，让听众适当地放松，聚集视野。

5. 正文

正文页面主要显示每一章节的主要部分，可以使用图表、图形、动画等吸引听众注意力，切忌不可使用大量文字，防止听众视觉疲劳。

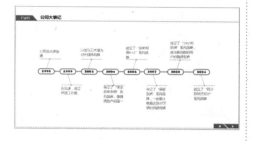

6. 结束页

结束页作为幻灯片的结尾，可以向听众表达谢意，感谢听众。

技巧 2 ● 排版提升 PPT

很多演示文稿中整张的幻灯片版面上都是密密麻麻的文字，让观众看起来非常辛苦。

要想在现有的内容中提升 PPT 的观众穿透力，其中最重要的就是排版。

(1) 留白是体现段落感的最好方法。

如果直接将 Word 文档中的文字复制到幻灯片中，而不加任何修饰，这是行不通的。最基本的做法，是适当地对文本内容进行分段。

分段就是把大段文字切成小段文字，段与段之间留出足够的空白，这样就算是你的文字比较多，看上去也不会太难看。

(2) 要提炼文本关键字。

与 Word 文档相比，PowerPoint 就是要突出那些重点关键词。每个幻灯片的标题应该是结论性的能够高度概括本页中心思想的一句话。

另外，提炼出关键词之后，要适当地用大字号显示并且单独列出来，作为小标题。这样幻灯片看上去会更专业。

(3) 选择适当的字体和字号。

排版时同一类的内容尽量使用同样的字体和字号，一方面可以让读者快速了解内容的层次关系，另一方面也可以使版面看起来更加整齐。

(4) 在幻灯片中插入图片。

幻灯片上全是文字，很容易让读者厌倦。这时候可以加入与文字内容相关的图片，让整个版面更容易被人接受。

除了图片外，也可以使用图表、形状等代替文字，让数据类内容更清晰。

第 13 章

吸引别人的眼球——
展示型 PPT 实战

本章视频教学时间 / 2 小时 11 分钟

🎧 重点导读

PPT 是传达信息的载体，同时也是展示个性的平台。在 PPT 中，你的创意可以通过内容或图示来展示，你的心情可以通过配色来表达。尽情发挥你的创意，你也可以做出令人惊叹的绚丽 PPT。

📖 学习效果图

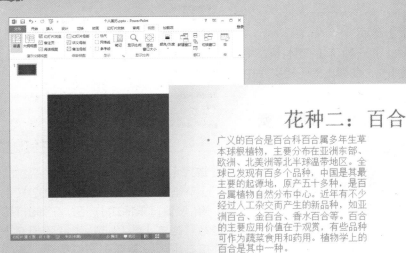

13.1 设计个人简历 PPT

本节视频教学时间 /57 分钟

一份独特的个人简历能够快速吸引招聘人员的注意，使之加深对应聘者的好感和印象。本实例就来制作一份独具创意的个人简历 PPT。

13.1.1 设计简历模板和母版

本 PPT 采用修改后的 PowerPoint 2013 主题，并使用黑色渐变色作为背景，以衬托和突出显示幻灯片中的内容。母版的设计步骤如下。

1 选择【石板】选项

启 动 PowerPoint 2013， 进 入 PowerPoint 工作界面，单击【设计】选项卡【主题】组中的【其他】按钮 ，在弹出的下拉菜单中选择【石板】选项。

2 选择【灰度】选项

单击【设计】选项卡【变体】组中的【其他】按钮 ，在弹出的下拉菜单中选择【颜色】➤【灰度】选项。

3 选择【自定义字体】选项

单击【设计】选项卡【变体】组中的【其他】按钮 ，在弹出的下拉菜单中选择【字体】➤【自定义字体】选项，在弹出的【新建主题文字】对话框中将西文字体都设置为"Times New Roman"格式，将中文字体都设置为"宋体"。

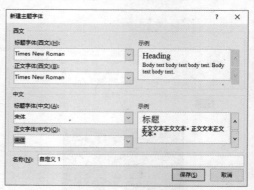

4 选择【径向渐变 – 着色 6】

单击【设计】选项卡【自定义】组中的【设置背景格式】按钮，在弹出的【设置背景格式】窗口选择【渐变填充】，并单击【预设渐变】下拉按钮，在弹出的下拉列表中选择【径向渐变 - 着色 6】。

⑥ 单击【保存】按钮

单击快速工具栏中的【保存】按钮，在弹出的【另存为】对话框中浏览到要保存演示文稿的位置，并在【文件名】文本框中输入"个人简历"，单击【保存】按钮。

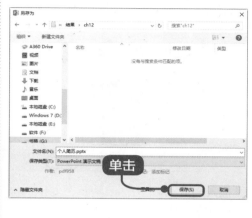

⑤ 效果图

设置完成后如下图所示。

13.1.2 设计首页效果

将个人简历制作成 PPT 形式，目的就是为了不和其他简历雷同，所以首页更要体现出独特的创意和特色。设计首页效果的具体操作步骤如下。

第 1 步：添加图片和艺术字

① 删除标题框

删除首页幻灯片的标题框。

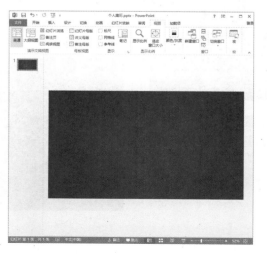

② 单击【插入】按钮

单击【插入】选项卡【图像】组中的【图片】按钮，在弹出的【插入图片】对话框中浏览到"素材\ch13"文件夹，按住【Ctrl】键选择"扫描仪.gif""条形码.jpg""显示器.png"和"照片.jpg"。

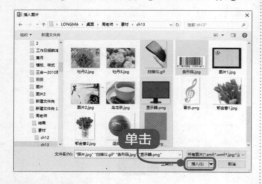

③ 插入图片

单击【插入】按钮即可将图片插入到幻灯片中。

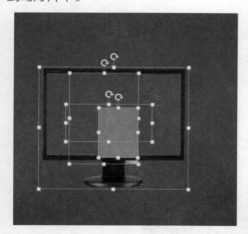

④ 调整图的大小和位置

按照下图所示调整各个图片的大小和位置，选择"照片"和"扫描议"并右击，在弹出的快捷菜单中选择【置于

顶层】➤【置于顶层】，将"照片"和"扫描仪"图片移至最上层。

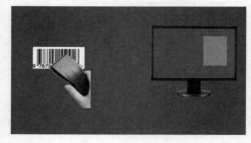

⑤ 选择"条形码"图片

选择"条形码"图片，将鼠标指针移至上方的绿色小圆点处，单击并拖动，逆时针方向旋转"条形码"图片，如图所示。

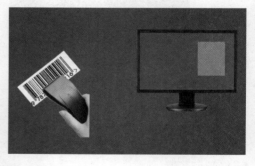

⑥ 插入文本框

插入一个横排文本框，输入"特别推荐"，设置字体和边框的样式，如图所示。

7 设置字体

再添加一个横排文本框，输入个人的资料及联系方式，并设置字体为"华文楷体"，颜色为"白色"，并将其移至"显示器"图片的上方。

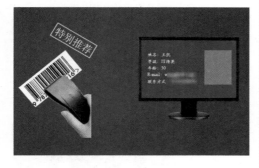

第2步：添加动画

1 添加【出现】动画效果

选择"特别推荐"文本框，给其添加【出现】动画效果，并设置【开始】时间为【与上一动画同时】，【延迟】时间为"0.5"秒。

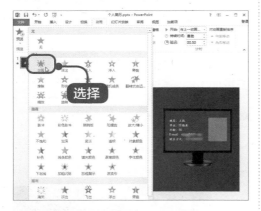

2 选择【其他动作路径】选项

选择"扫描仪"图片，单击【动画】选项卡下其他按钮，在弹出的下拉列表中选择【其他动作路径】选项。

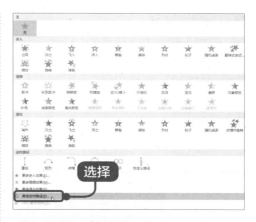

3 选择【直线和曲线】类别

在弹出的【更多动作路径】对话框中选择【直线和曲线】类别中的"向左"。

4 添加动作路径

添加动作路径后会出现一条路径线，单击并拖动红色端处的小圆点到合适的位置，如图所示。

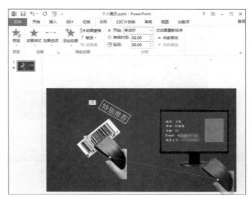

5 设置持续时间

单击【动画】选项卡下【效果选项】下拉列表，在弹出的下拉列表中选择【反转路径方向】，设置动画开始时间为【与上一动画同时】，并设置持续时间为2秒。

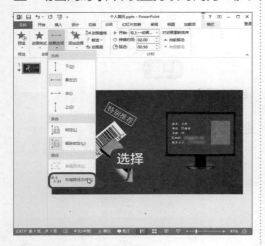

6 选择【自顶部】选项

选择照片，添加【擦除】动画效果，单击【效果选项】按钮，在下拉列表中选择【自顶部】选项，并设置【开始】形式为"上一动画之后"，"持续时间"设置为1秒。

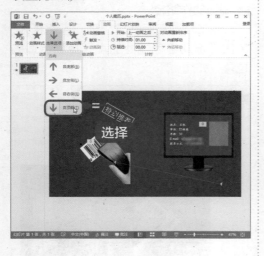

7 选择【按段落】选项

选择个人资料文本框，添加【随机线条】动画效果。单击【效果选项】按钮，在下拉列表中选择【按段落】选项，并设置【开始】形式为"上一动画之后"，"持续时间"为0.5秒。

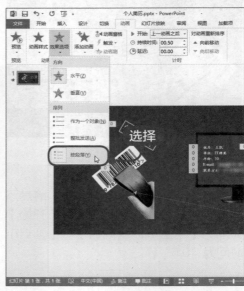

8 效果图

至此，首页图片及动画设计完毕，效果如下图所示。

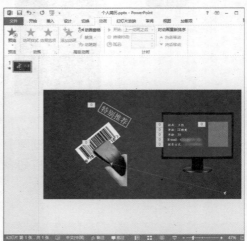

13.1.3 设计工作经历幻灯片

对工作经历可以使用流程图形的形式直观展示出来，使阅读者一目了然。设计工作经历幻灯片的具体操作步骤如下。

1 新建幻灯片

新建一张仅标题幻灯片，并输入标题"我的工作经历"。

2 设置形状格式

使用形状工具绘制 1 个矩形，然后选中绘制的矩形，单击右键，在弹出的快捷菜单中选择【设置形状格式】，设置渐变填充样式为渐变色填充，并选择合适的颜色，然后再根据下图所示设置三维格式和三维旋转样式。

3 调整形状大小和位置

重复步骤 2，再绘制 3 个矩形，并调整 4 个形状的大小和位置，如下图所示。

4 旋转文本框

在形状的上方添加文本框，分别输入"2008""2008~2011""2011~2015"和"2015~ 今"，并旋转文本框，使其与形状的方向一致，如下图所示。

5 设置线型的宽度

在形状之间绘制直线，并设置线型的宽度为"3"磅，短划线类型为"圆点"样式。

6 添加直线

添加直线后如下图所示。

13.1.4 设计擅长领域幻灯片

本幻灯片通过图形突出显示出所擅长的领域及说明。具体操作步骤如下。

1 新建幻灯片

新建一张仅标题幻灯片，并输入标题"我的擅长领域"。

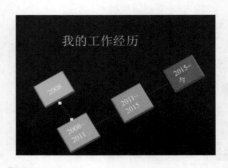

7 添加文本框

在 4 个形状的下方分别添加 4 个文本框，输入工作经历的说明文字，如下图所示。

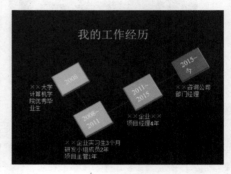

2 绘制 7 个小圆形

绘制 7 个小圆形，并设置各个圆形的填充颜色、大小及位置等。

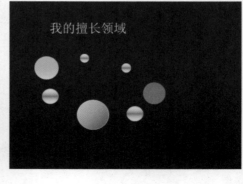

③ 设置线条颜色

在圆形之间绘制弧形线，设置线条颜色为"白色"、线型宽度为"2"磅，设置线的末端为箭头形状。

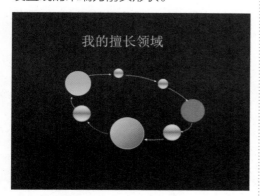

④ 选择【编辑文字】命令

分别在 3 个大圆形上右击，选择【编辑文字】命令，分别输入"IT 专业技能""设计"和"管理"等文字。

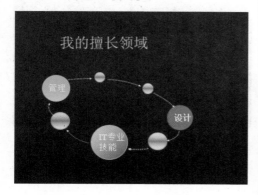

⑤ 选择【线型标注 2（带强调线）】选项

单击【插入】选项卡【插图】组中

的【形状】按钮，在下拉列表中选择【标注】区域中的【线型标注 2（带强调线）】选项，并在幻灯片中绘制形状。

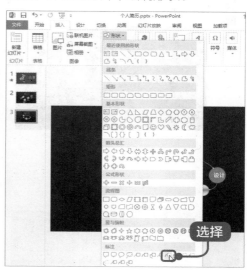

⑥ 输入描述文字

设置标注图形的【形状填充】为"无填充颜色"，设置【形状轮廓】颜色为"白色"，并输入描述文字。

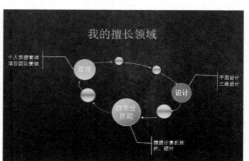

13.1.5 设计我的爱好幻灯片

我的爱好幻灯片通过不同颜色的形状及图片来展示。设计我的爱好幻灯片页面的具体操作步骤如下。

① 新建幻灯片

新建一张仅标题幻灯片，并输入标题"我的爱好"。

2 设置渐变填充

使用形状工具绘制一个圆角矩形框，并设置渐变填充，如下图所示。

3 设置【形状填充】

再绘制一个圆角矩形，设置【形状填充】为"橙色"，并在【形状效果】下拉列表中选择【预设】区域中的第 2 个样式。

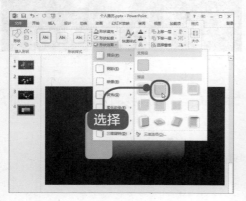

4 设置样式

按照上面的操作，绘制另外两个圆角矩形，分别填充为【红色】和【绿色】，并设置样式。

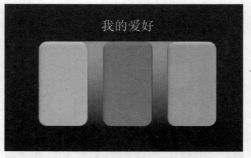

5 最终效果图

在左侧的圆角矩形上方绘制一个椭圆，并在【形状效果】下拉列表中选择【预设】区域中的第 3 个样式，最终效果如图所示。

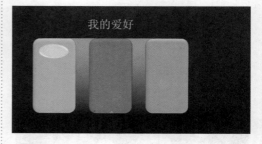

6 复制图形

选择上一步绘制的椭圆，按【Ctrl+C】组合键复制，并按【Ctrl+V】组合键粘贴两次，并移动位置至另两个圆角矩形上方。

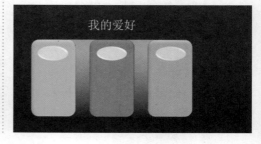

7 选择【编辑文字】命令

在左侧的椭圆上右击，在弹出的快捷菜单中选择【编辑文字】命令，在文本框中输入"交际"文本，并设置【加粗】样式。

8 输入文本

同样，在另外两个椭圆形中分别输入"运动"和"音乐"文本。

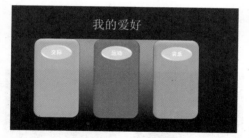

9 调整图片大小和位置

单击【插入】选项卡【图像】组中的【图片】按钮，在弹出的【插入图片】对话框中浏览到"素材 \ch13"文件夹，插入"交际.jpg""运动.png"和"音乐.png"图片，调整图片的大小和位置，最终效果如图所示。

13.1.6 设计俄罗斯方块游戏幻灯片

设计俄罗斯方块游戏的动画的目的是，强调并展示出"我可能不是最耀眼的，但我相信我是最合适的！"这个主题。具体操作步骤如下。

第 1 步：绘制图形

1 新建幻灯片

新建一张空白幻灯片。

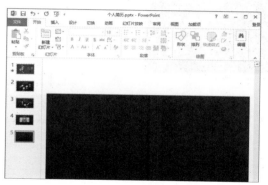

② 设置【形状轮廓】

绘制游戏边框。使用形状工具绘制一个矩形框，并设置【形状轮廓】中的【主题颜色】为"黄色"，选择【粗细】为"3磅"的线宽。

③ 调整方框位置

使用形状工具绘制一个正方形框，并连续复制粘贴3次，然后调整各个方框的位置，将4个方框组合为1个图形后如下图所示。

④ 设置样式和位置

按上面的操作绘制其他图形，并分别设置样式和位置，如下图所示。

⑤ 添加文字

添加文字。分别在左侧和右侧添加文本框，并输入"Win!"和"我可能不是最耀眼的 但我相信我是最合适的！"，并设置字体的颜色为"白色"，如下图所示。

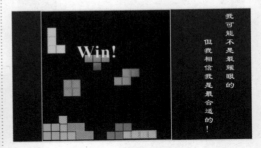

第2步：添加动画效果

① 选择【其他动作路径】选项

设置灰色"T"型图形动作路径。选择"T"型图形，单击【动画】选项卡【高级动画】组中的【添加动画】按钮，在弹出的下拉列表中选择【其他动作路径】选项，弹出【添加动作路径】对话框。

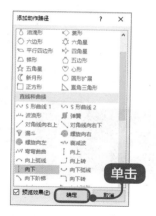

2 单击【确定】按钮

选择【直线和曲线】区域中的【向下】选项，并单击【确定】按钮，在 "T" 型图形下方会出现路径线。

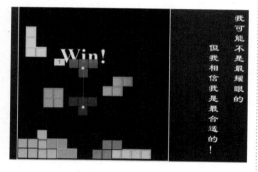

3 拖动小白点

单击红色端的小白点，并向下拖动至幻灯片的下方。

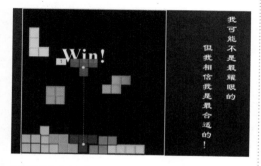

4 选择【从上一项开始】选项

单击【高级动画】组中的【动画窗格】

按钮，在右侧的动画窗格中单击此动画后的下拉按钮，在下拉列表中选择【从上一项开始】选项。

5 选择【闪烁】选项

将下方的所有图形进行组合，然后按住【Ctrl】键选择组合后的图形和上方的 "T" 型图形，单击【动画】选项卡【高级动画】组中【添加动画】按钮，在下拉列表中选择【更多强调效果】选项，在弹出的【添加强调效果】对话框中选择【闪烁】选项。

6 单击【确定】按钮

单击【动画窗格】按钮，在右侧的动画窗格中选择第 2 个动画并单击右侧下拉按钮，在弹出的快捷菜单中选择【计时】命令，弹出【闪烁】对话框。选择【计时】选项卡，在【开始】下拉列表中选择【上一动画之后】选项，设置【重复】为"3"，单击【确定】按钮。

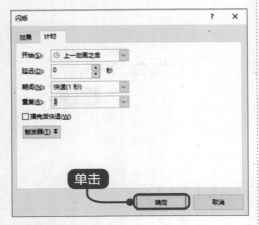

7 设置动画窗格中

设置动画窗格中第 3 个动画的【开始】模式为"与上一动画同时"，设置【重复】为"3"，单击【确定】按钮。

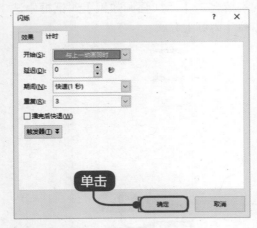

8 选择【缩放】动画

选择"Win!"文本框，在【动画样式】中选择【缩放】动画，并在动画窗格中设置开始模式为"从上一项之后开始"。

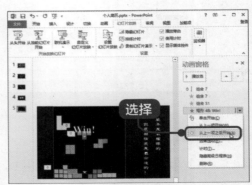

9 添加【淡出】动画效果

选择右侧的两列文字，分别添加【淡出】动画效果，并设置最右列文字的【计时】参数如下图所示。

10 设置左列文字

设置左列文字的【计时】参数如下图所示。

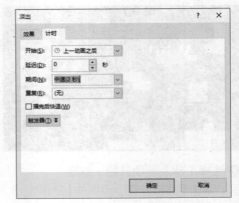

13.1.7 设计结束页幻灯片

人力资源管理者阅读完此简历后，如果要联系此人，还需要返回首页查看联系方式。为了更加方便，在结束页加入递出名片的动画效果，再次展示联系方式。具体操作步骤如下。

1 新建幻灯片

新建一张"仅标题"幻灯片，并输入标题内容，如下图所示。

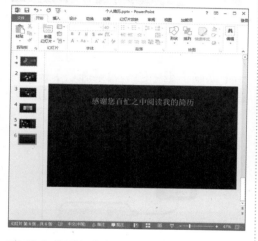

2 单击【插入】按钮

单击【插入】选项卡【图像】组中的【图片】按钮，在弹出的【插入图片】对话框中浏览到"素材 \ch12\ 名片. gif"图片。

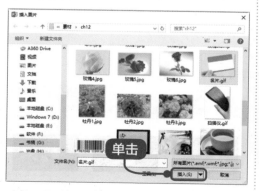

3 插入幻灯片

单击【插入】按钮，即可将图片插入到幻灯片中。

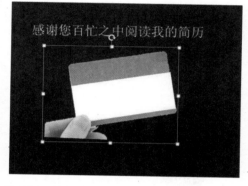

4 组合文本框

绘制两个横排文本框，并输入姓名和联系方式，旋转文本框，使之与名片的方向一致。按住【Ctrl】键依次选中"名片"图片和两个文本框对齐进行组合，如图所示。

5 单击【确定】按钮

选择组合图形，单击【动画】选项

卡【高级动画】组中的【添加动画】按钮，在下拉列表中选择【其他动作路径】选项，在弹出的【添加动作路径】对话框中选择【对角线向右上】选项，单击【确定】按钮。

6 效果图

添加"对角线向右上"动画后结果如下图所示。

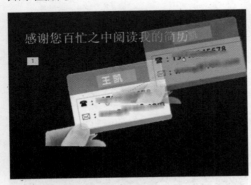

7 拖动红点

分别选择对角线上的红色圆点将它们拖到另一侧，如下图所示。

8 选择【反转路径方向】选项

选中组合图形，单击【动画】选项卡【动画】组中的【效果选项】按钮，在下拉列表中选择【反转路径方向】选项。

9 设置持续时间

单击【动画】选项卡，在【计时】选项组中将开始设置为"与上一动画同时"，持续时间设置为 2 秒。

10 最终效果图

至此，就完成了个人简历 PPT 的制作，最终效果如下图所示。

13.2 制作公司形象宣传 PPT

本节视频教学时间 /14 分钟 ▶

外出进行产品宣传，只有口头的描述很难让人信服，如果拿着产品进行宣传，太大的产品携带不便，太小的物品在进行宣传时，又难以让人看清，此时幻灯片将会起着重要的作用。

13.2.1 设计产品宣传首页和公司概况幻灯片

创建产品宣传幻灯片应从片头入手，片头主要应列出宣传报告的主题和演讲人等信息。下面以制作龙马图书工作室产品宣传幻灯片为例首先讲述宣传首页幻灯片的制作方法。

① 选择【浏览主题】选项

启动 PowerPoint 2013 应用软件，单击【设计】选项卡【主题】组中的【其他】按钮，在弹出的下拉菜单中选择【浏览主题】选项，在弹出的选择对话框中选择随书附带光盘中的"主题 .pptx"文件。

② 效果图

单击【应用】按钮，结果如下图所示。

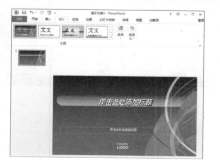

③ 添加副标题

在单击【单击此处添加标题】文本框中输入"龙马图书工作室产品宣传"，在【单击此处添加副标题】文本框中输入"主讲人：孔经理"。

④ 新建一张幻灯片

新建一张"标题和内容"幻灯片，并添加标题"公司概况"以及简介内容。

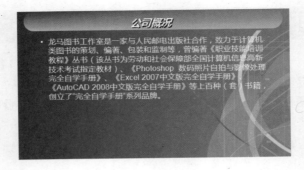

13.2.2 设计公司组织结构幻灯片

对公司状况有了大致了解后，可以继续对公司进行进一步的说明，例如介绍公司的内部组织结构等。

1 新建一张幻灯片

新建一张"标题和内容"幻灯片，并输入标题的名称"公司组织结构"。

2 单击【确定】按钮

单击【插入】选项卡下【插图】组中的【SmartArt】按钮，弹出【选择SmartArt 图形】对话框，选择【层次结构】区域中的【层次结构】选项，单击【确定】按钮。

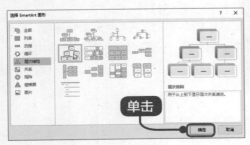

3 效果图

完成层次结构图的插入，效果如下图所示。

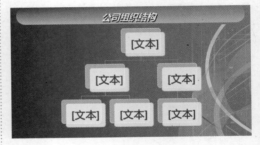

4 选中所有形状

选中第 3 行的所有形状，将其删除，效果如下图所示。

5 **选择【在后面添加形状】命令**

右击第 2 行第 2 个形状，在弹出的快捷菜单中选择【添加形状】➢【在后面添加形状】命令。

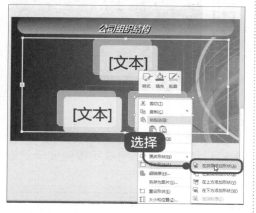

7 **最终效果图**

重复步骤 5，在第 2 行下面添加三个形状，然后在层次结构图中输入相关的文本内容，最终效果如下图所示。

6 **添加后的效果图**

添加后的效果如下图所示。

13.2.3 设计公司产品宣传展示幻灯片

对公司有了一定了解后，就要看公司的产品了，通过制作产品图册来展示公司的产品，不仅清晰而且美观。

1 **选择【新建相册】选项**

单击【插入】选项卡【图像】组中的【相册】按钮，在弹出的下拉列表中选择【新建相册】选项。

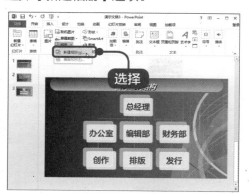

2 **打开【相册】对话框**

弹出【相册】对话框。

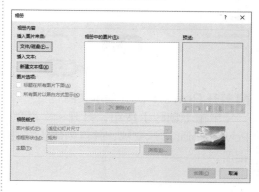

③ 选择图片文件

单击【相册】对话框中的【文件/磁盘】按钮，弹出【插入新图片】对话框，并选择创建相册所需要的图片文件。

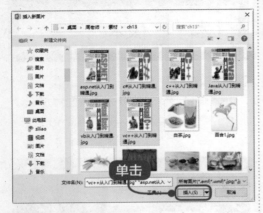

④ 选择【图片版式】

单击【插入】按钮，返回【相册】对话框，在【相册版式】区域下选择【图片版式】为"2张图片"，之后选中【标题在所有图片下面】复选框。

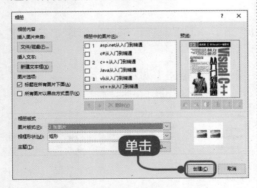

⑤ 打开 PowerPoint 演示文稿

单击【创建】按钮，打开一个新的PowerPoint 演示文稿，并且创建所需的相册。

⑥ 创建相册演示文稿

将新创建相册演示文稿中的第 2 ~ 4 张幻灯片复制至公司产品宣传展示幻灯片页面中，如下图所示。

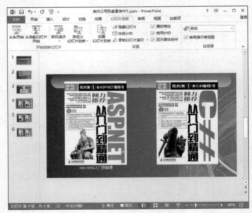

⑦ 隐藏背景图形

选中复制后的第 4 ~ 6 张幻灯片，单击选中【设计】选项卡【背景】组中的【隐藏背景图形】复选框。

8 调整大小和位置

隐藏背景图形，并对图片的大小和位置进行调整后如下图所示。

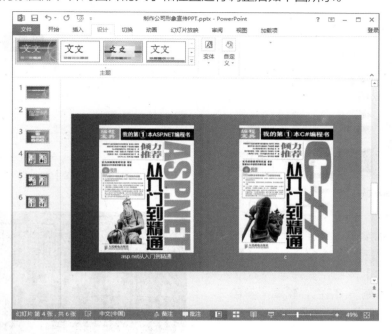

13.2.4 设计产品宣传结束幻灯片

最后来进行结束幻灯片页面的制作，具体操作步骤如下。

1 新建一张幻灯片

新建一张空白幻灯片。

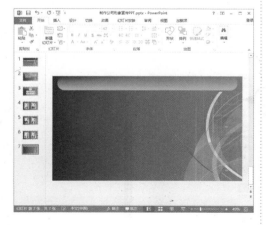

2 弹出【插入图片】

单击【插入】选项卡【图像】组中的【图片】按钮，弹出【插入图片】对话框，对话框中随书附带"闭幕图"。

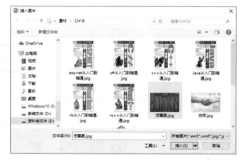

3 单击【插入】按钮

单击【插入】按钮，将图片插入到

幻灯片中并对插入的图片进行调整，使得插入的图片覆盖住整个背景。

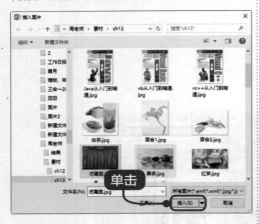

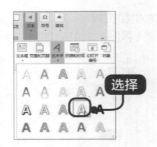

4 选择艺术字

单击【插入】选项卡【文本】组中的【艺术字】按钮，在弹出的下拉列表中选择【填充 – 白色，轮廓 – 着色2，清晰阴影 – 着色2】选项。

5 最终效果图

在插入的艺术字文本框中输入"谢谢观赏"文本内容，并设置【字号】为"100"，设置【字体】为"华文行楷"，最终效果如下图所示。

13.2.5 设计产品宣传幻灯片的转换效果

本节将对所做好的幻灯片进行页面切换时的效果转换设置，具体操作步骤如下。

1 选择【闪光】选项

选中第 1 张幻灯片，单击【切换】选项卡【切换到此幻灯片】组中的【其他】按钮 ，在弹出的下拉列表中选择【闪光】选项。

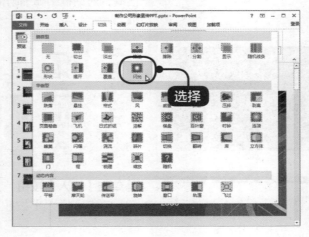

2 选择【淡出】选项

选中第 2 张幻灯片，单击【切换】选项卡【切换到此幻灯片】组中的【其他】按钮 ，在弹出的下拉列表中选择【淡出】选项。

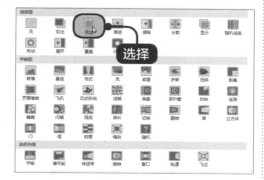

3 选择【涟漪】选项

选中第 3 张幻灯片，单击【转换】选项卡【切换到此幻灯片】组中的【其他】按钮 ，在弹出的下拉列表中选择【涟漪】选项。

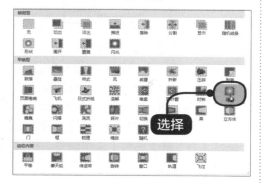

4 选择【随机线条】选项

选中第 4 ~ 6 张幻灯片，单击【转换】选项卡【切换到此幻灯片】组中的【其他】按钮 ，在弹出的下拉列表中选择【随机线条】选项。

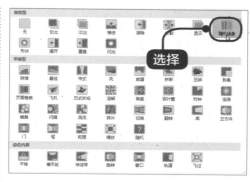

5 选择【擦除】选项

选中第 7 张幻灯片，单击【转换】选项卡【切换到此幻灯片】组中的【其他】按钮 ，在弹出的下拉列表中选择【擦除】选项。

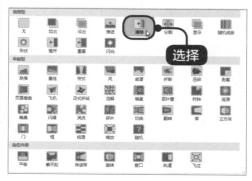

6 保存文件

将制作好的幻灯片保存为"制作公司形象宣传 PPT.pptx"文件。

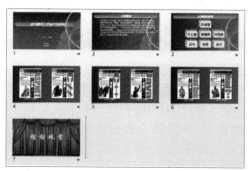

13.3 制作中国茶文化 PPT

本节视频教学时间 /30 分钟

中国茶历史悠久，现在已发展成了独特的茶文化，中国人饮茶，注重一个"品"字。"品茶"不但可以鉴别茶的优劣，还可以消除疲劳、振奋精神。本节就以中国茶文化为背景，制作一份中国茶文化幻灯片。

13.3.1 设计幻灯片母版和首页

在创建茶文化 PPT 时，首先设计一个个性的幻灯片母版，然后再创建茶文化 PPT 的首页，创建幻灯片母版和首页的具体操作步骤如下。

1 启动 PowerPoint 2013

启动 PowerPoint 2013，新建幻灯片，并将其保存为"中国茶文化 .pptx"的幻灯片。单击【视图】选项卡【母版视图】组中的【幻灯片母版】按钮，并在左侧列表中单击第 1 张幻灯片。

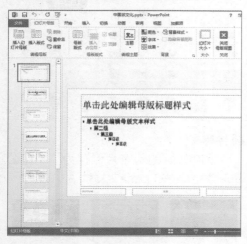

2 单击【插入】按钮

单击【插入】选项卡下【图像】组中的【图片】按钮。在弹出的【插入图片】对话框中选择"素材 \ch13\ 图片 1.jpg"文件。

3 选择【置于底层】菜单命令

单击【插入】按钮，将选择的图片插入幻灯片中，并根据需要调整图片的大小及位置。在插入的背景图片上单击鼠标右键，在弹出的快捷菜单中选择【置于底层】➤【置于底层】菜单命令，将背景图片在底层显示。

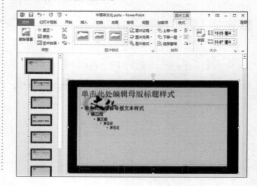

4 选择艺术字样式

选择标题框内文本，单击【格式】选项卡下【艺术字样式】组中的【快速样式】按钮，在弹出的下拉列表中选择一种艺术字样式。

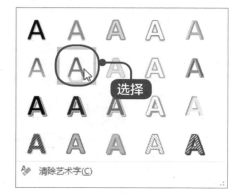

5 设置文本对齐方式

设置艺术字的字体为"华文行楷"和字号为60。并设置【文本对齐】为"居中对齐"。

6 删除文本框

在幻灯片母版视图中，在左侧列表中选择第2张幻灯片，选中【背景】组中的【隐藏背景图形】复选框，并删除文本框。

7 调整图片位置的大小

单击【插入】选项卡下【图像】组中的【图片】按钮，将随书附带光盘中"素材 \ch13\ 图片 02.jpg"文件插入到幻灯片中，并调整图片位置的大小。

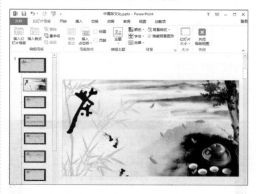

8 调整艺术字

单击【幻灯片母版】选项卡中的【关闭母版视图】按钮，返回普通视图，删除副标题文本框，并在标题文本框处输入"中国茶文化"文本，调整艺术字的字号和颜色等。

13.3.2 设计茶文化简介页面和目录

1 新建幻灯片

新建【仅标题】幻灯片页面，在标题栏中输入"茶文化简介"文本。

2 打开素材

打开随书光盘中的"素材 \ch13\ 茶文化简介 .txt"文件，将其内容复制到幻灯片页面中，并调整文本框的位置、字体的字号和大小。

3 输入标题

新建【标题和内容】幻灯片页面。输入标题"茶品种"。

4 选择"垂直曲形列表"

单击插入 SmartArt 图形按钮，在弹出的【选择 SmartArt 图形】对话框中选择【列表】中的"垂直曲形列表"。

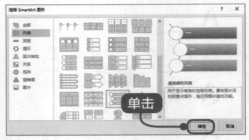

5 插入 SmartArt 列表

单击【确定】按钮，插入 SmartArt 列表后如下图所示。

6 复制文本框

选中"垂直曲形列表"中的文字文本框进行复制粘贴，如下图所示。

7 输入相应的文字

在文本框中输入相应的文字并对列表的大小进行调整。

8 选中"垂直曲形列表"

选中"垂直曲形列表"，然后单击【设计】➤【更改颜色】➤【彩色范围 - 着色4至5】。

9 更改颜色

更改颜色后如下图所示。

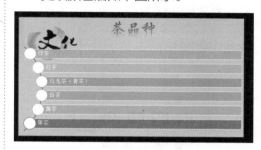

13.3.3 设计其他页面

1 输入标题

新建【标题和内容】幻灯片页面。输入标题"绿茶"。

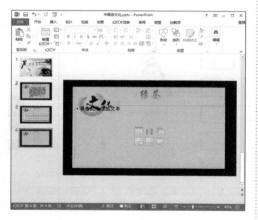

2 打开素材

打开随书光盘中的"素材 \ch13\ 茶种类 .txt"文件，将其"绿茶"下的内容复制到幻灯片页面中，适当调整文本框的位置以及字体的字号和大小。

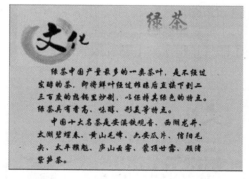

3 单击【插入】按钮

单击【插入】选项卡下【图像】组中的【图片】按钮。在弹出的【插入图片】对话框中选择"素材 \ch13\ 绿茶 .

jpg"文件，单击【插入】按钮，将选择的图片插入幻灯片中，选择插入的图片，并根据需要调整图片的大小及位置。

4 选择一种样式

选择插入的图片，单击【格式】选项卡下【图片样式】选项组中的【其他】按钮，在弹出的下拉列表中选择一种样式。

5 设置图片

根据需要在【图片样式】组中设置【图片边框】、【图片效果】及【图片版式】等。

6 重复操作

重复步骤 1 ~ 5，分别设计红茶、乌龙茶、白茶、黄茶、黑茶等幻灯片页面。

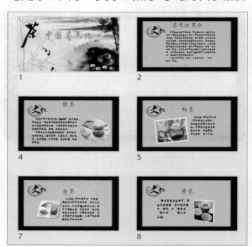

7 设置字体样式

新建【标题】幻灯片页面。插入艺术字文本框，输入"谢谢欣赏"文本，并根据需要设置字体样式。

13.3.4 设置超链接

■1 创建超链接的文本

在第 3 张幻灯片中选中要创建超链接的文本"绿茶"。

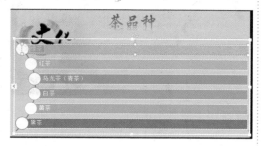

■2 单击【屏幕提示】按钮

单击【插入】选项卡下【链接】选项组中的【超链接】按钮，在弹出的【插入超链接】对话框的【链接到】列表框中选择【本文档中的位置】选项，在右侧的【请选择文档中的位置】列表框中选择【幻灯片标题】下方的【4. 绿茶】选项。单击【屏幕提示】按钮。

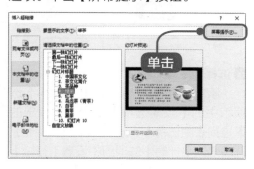

■3 单击【确定】按钮

在弹出的【设置超链接屏幕提示】对话框中输入提示信息。

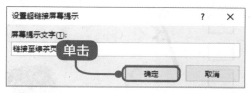

■4 添加超链接

单击【确定】按钮，返回【插入超链接】对话框，单击【确定】按钮即可将选中的文本链接到【绿茶】幻灯片，添加超链接后的文本以绿色、下划线字显示。

■5 创建其他超链接

使用同样的方法创建其他超链接。

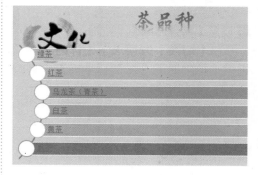

13.3.5 添加切换效果和动画效果

■1 设置切换效果

选择要设置切换效果的幻灯片，这里选择第 1 张幻灯片。

2 自动预览效果

单击【切换】选项卡下【切换到此幻灯片】选项组中的【其他】按钮⚏，在弹出的下拉列表中选择【华丽型】下的【翻转】切换效果，即可自动预览该效果。

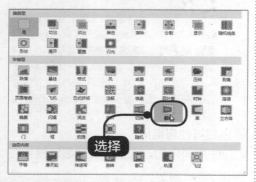

3 设置【持续时间】

在【切换】选项卡下【计时】选项组中【持续时间】微调框中设置【持续时间】为"1.5秒"。

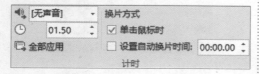

4 创建动画效果

选择第1张幻灯片中要创建进入动画效果的文字。

5 选择【浮入】选项

单击【动画】选项卡【动画】组中的【其他】按钮⚏，弹出如下图所示的下拉列表。在【进入】区域中选择【浮入】选项，创建进入动画效果。

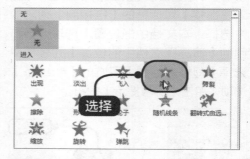

6 选择【下浮】选项

添加动画效果后，单击【动画】选项组中的【效果选项】按钮，在弹出的下拉列表中选择【下浮】选项。在【动画】选项卡的【计时】选项组中设置【开始】为"与上一动画同时"，设置【持续时间】为"02.00"，延迟0.25秒。

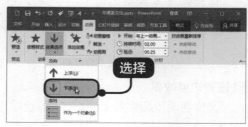

7 效果图

参照步骤 1 ~ 6 为其他幻灯片页面添加切换效果和动画效果。

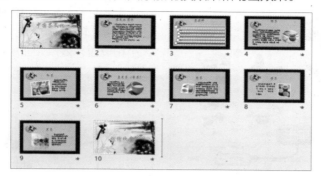

至此，就完成了中国茶文化幻灯片的制作。

13.4 制作花语集幻灯片

本节视频教学时间 /26 分钟

不同的鲜花代表不同的意义，花语集类幻灯片主要用于展示富有小资情调的内容，在生活性网站及产品中有广泛的应用。

13.4.1 完善首页和结束页幻灯片

在创建花语集幻灯片前，首先对素材文件中的首页和结束页幻灯片进行完善，具体操作步骤如下。

1 打开素材

单击打开随书光盘中的"素材\ch13\花语集.pptx"文件，并选择第1张幻灯片。

2 单击【图片】按钮

单击【插入】选项卡下【图像】选项组中的【图片】按钮。

3 单击【插入】按钮

在弹出的【插入图片】对话框中选择"素材\ch13\蝴蝶1.gif"文件，单击【插入】按钮。

4 插入图片

插入图片后如下图所示。

13.4.2 创建玫瑰花幻灯片

玫瑰花幻灯片一共有两张，一张是对玫瑰花的简介，另一张是创建玫瑰花花语幻灯片。

1. 创建玫瑰花简介

1 选择一种艺术字

新建一张空白幻灯片，单击【插入】选项卡【文本】选项组中的【艺术字】按钮，在弹出的列表中选择一种艺术字。

5 调整大小和位置

选择第 2 张幻灯片，单击【插入】选项卡【图像】选项组中的【图片】按钮，插入"素材 \ch13\ 蝴蝶 2.gif"，调整大小和位置，效果如图所示。

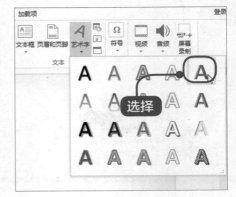

2 调整文本框位置

在"请在此处放置您的文字"文本框中输入"花种一：玫瑰"，并调整文本框位置。

3 插入文本框

插入一横排文本框后，输入玫瑰简介，如下图所示。

4 单击【图片】按钮

单击【插入】选项卡【图像】选项组中的【图片】按钮，在弹出的【插入图片】对话框中插入"素材 \ch13\ 玫瑰1.jpg"文件。

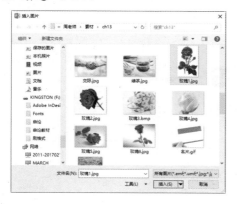

5 调整图片大小和位置

调整图片大小和位置后，效果如图所示。

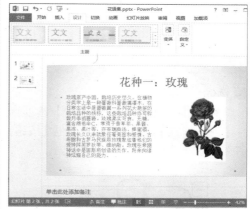

2. 创建玫瑰花花语幻灯片

1 新建空白幻灯片

新建一张空白幻灯片，单击【插入】选项卡【图像】选项组中的【图片】按钮，插入"素材 \ch13\ 玫瑰2.jpg"文件。调整图片大小和位置后，如图所示。

2 绘制对角圆角矩形

单击【插入】选项卡【插图】选项组中的【形状】下拉按钮，选择【矩形】列表中的【对角圆角矩形】选项，然后拖动鼠标绘制一个对角圆角矩形。

3 选择一种样式

单击【绘图工具】【格式】选项卡中【形状样式】选项组中的【其他】按钮，在弹出的列表中单击选择一种样式。

4 选择【编辑文字】菜单命令

在插入的形状上单击鼠标右键，在弹出的快捷菜单中选择【编辑文字】菜单命令。在形状中输入文字，设置文字样式，调整形状大小和位置后，效果如图所示。

5 选择【肘形箭头连接符】选项

单击【插入】选项卡【插图】选项组中的【形状】下拉按钮，选择【线条】

列表中的【肘形箭头连接符】选项，然后拖动鼠标绘制一个肘形箭头连接符。

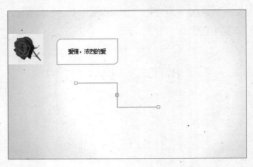

6 选择一种样式

单击【绘图工具】➤【格式】选项卡中【形状样式】选项组中的【其他】按钮，在弹出的列表中单击选择一种样式。

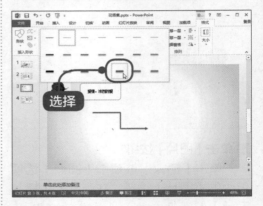

7 调整文字格式

在形状上输入文字，并调整文字格式、形状大小和位置后，效果如图所示。

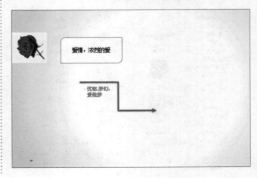

⑧ 调整图片大小和位置

单击【插入】选项卡【图像】选项组中的【图片】按钮,插入"素材 \ch13\玫瑰 5.jpg"文件。调整图片大小和位置后,效果如图所示。

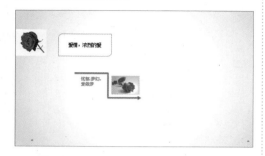

⑨ 效果图

重复插入操作,插入以下图片和形状,调整位置后,效果如图所示。

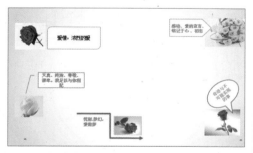

⑩ 设置形状效果

单击【插入】选项卡【插图】选项组中的【形状】下拉按钮,选择【基本形状】列表中的【心形】选项,然后拖动鼠标,在幻灯片中绘制一个心形。单击【绘图工具】➤【格式】选项卡中【形状样式】选项组中的【其他】按钮,在弹出的列表中单击选择一种样式。最后单击【形状样式】选项组中的【形状效果】下拉按钮,在弹出的列表中设置形状效果。

13.4.3 创建百合花幻灯片

百合花幻灯片一共有两张,一张是对百合花的简介,另一张是创建百合花花语幻灯片。

1. 创建百合花简介

① 选择一种艺术字

新建一张空白幻灯片,单击【插入】选项卡【文本】选项组中的【艺术字】按钮,在弹出的列表中选择一种艺术字。

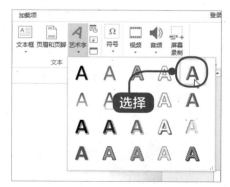

2 调整文本框位置

在"请在此处放置您的文字"文本框中输入"花种二：百合"，并调整文本框位置。

3 插入文本框

插入一横排文本框后，输入百合简介，如下图所示。

4 选择图片

单击【插入】选项卡【图像】选项组中的【图片】按钮，在弹出的【插入图片】对话框中插入"素材 \ch13\ 百合 1.jpg"文件。

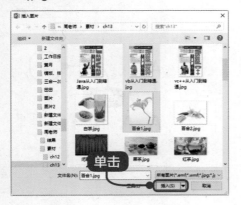

5 调整图片大小和位置

调整图片大小和位置后，效果如图所示。

2. 创建百合花花语幻灯片

1 新建一张幻灯片

新建一张空白幻灯片，单击【插入】选项卡【图像】选项组中的【图片】按钮，插入"素材 \ch13\ 百合 2.jpg"文件。调整图片大小和位置后，如图所示。

2 选择【横卷型】选项

单击【插入】选项卡【插图】选项组中的【形状】下拉按钮，选择【星与旗帜】列表中的【横卷型】选项。

④ 效果图

在形状中添加文字，调整形状大小和位置，效果如图所示。

③ 选择一种样式

拖动鼠标绘制一个横卷型形状。然后单击【绘图工具】➤【格式】选项卡中【形状样式】选项组中的【其他】按钮，在弹出的列表中单击选择一种样式。

13.4.4 创建郁金香幻灯片

郁金香幻灯片一共有两张，一张是对郁金香的简介，另一张是创建郁金香花语幻灯片。

1. 创建郁金香简介

① 选择一种艺术字

新建一张空白幻灯片，单击【插入】选项卡【文本】选项组中的【艺术字】按钮，在弹出的列表中选择一种艺术字。

2 调整文本框位置

在"请在此处放置您的文字"文本框中输入"花种三：郁金香"，并调整文本框位置。

3 插入文本框

插入一横排文本框后，输入郁金香简介，如下图所示。

4 单击【图片】按钮

单击【插入】选项卡【图像】选项组中的【图片】按钮，在弹出的【插入图片】对话框中插入"素材 \ch13\ 郁金香 1.jpg"文件。

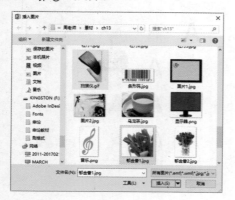

5 效果图

调整图片大小和位置后，效果如图所示。

2. 创建郁金香花语幻灯片

1 新建一张幻灯片

新建一张空白幻灯片，单击【插入】选项卡【图像】选项组中的【图片】按钮，插入"素材 \ch13\ 郁金香 2.jpg"文件。调整图片大小和位置后，如图所示。

2 插入文本框

单击【插入】选项卡【文本】选项组中的【文本框】选项中的【横排文本框】。

3 输入文本内容

在文本框中输入郁金香花语。

4 效果图

设置字体大小和字体样式后，效果如图所示。

13.4.5 创建牡丹幻灯片

牡丹幻灯片一共有两张，一张是对牡丹的简介，另一张是创建牡丹花语幻灯片。

1. 创建牡丹简介

1 选择一种艺术字

新建一张空白幻灯片，单击【插入】选项卡【文本】选项组中的【艺术字】按钮，在弹出的列表中选择一种艺术字。

2 调整文本框位置

在"请在此处放置您的文字"文本框中输入"花种四：牡丹"，并调整文本框位置。

3 插入文本框

插入一横排文本框后，输入牡丹简介，如下图所示。

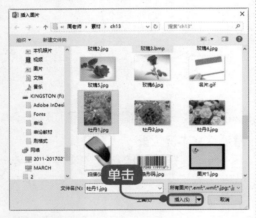

4 单击【图片】按钮

单击【插入】选项卡【图像】选项组中的【图片】按钮，在弹出的【插入图片】对话框中插入"素材 \ch13\ 牡丹 1.jpg"文件。

5 效果图

调整图片大小和位置后，效果如图所示。

2. 创建牡丹花语幻灯片

1 新建一张幻灯片

新建一张空白幻灯片，单击【插入】选项卡【图像】选项组中的【图片】按钮，插入"素材 \ch13\ 牡丹 2.jpg"文件。调整图片大小和位置后，如图所示。

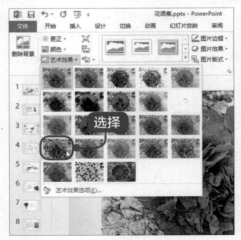

2 选择【混凝土】选项

单击【绘图工具】➤【格式】选项卡中【调整】选项组中的【艺术效果】下拉按钮，在弹出的列表中选择【混凝土】选项。

3 改变图片的艺术效果

改变图片的艺术效果后如下图所示。

4 选择【云形标注】选项

单击【插入】选项卡【插图】选项组中的【形状】下拉列表中选择【云形标注】选项，绘制一个云形标注，如图所示。

5 设置文字字体样式

在柱形图中添加牡丹的花语内容后，设置文字字体样式，然后调整柱形图大小和位置，效果如图所示。

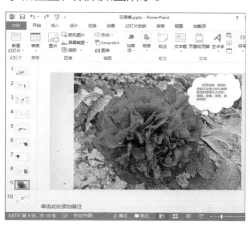

13.4.6 添加动画效果和切换效果

所有幻灯片创建完成后，我们来给创建的幻灯片添加动画效果和切换效果。

1 选择【浮入】选项

切换到第 1 张幻灯片中，然后选中"花语集"文本框，单击【动画】选项卡【动画】选项组中的【其他】按钮，在弹出动画效果列表中选择【进入】列表中的【浮入】选项。

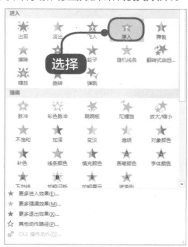

2 添加动画效果

使用同样方法，为幻灯片中所有元素添加动画效果。

3 选择切换效果

选择第 1 张幻灯片，单击【切换】选项卡【切换到此幻灯片】选项组中的【其他】按钮，在弹出的切换效果列表中选择一种，例如，这里选择【推进】，单击即可将其应用到幻灯片上。

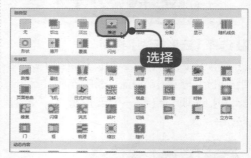

4 单击【保存】按钮

依次为其他幻灯片设置切换效果，设置后单击【保存】按钮即可。

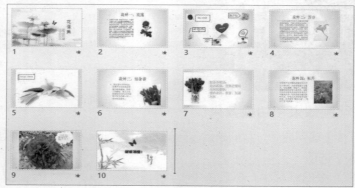

技巧 ● 制作水晶按钮或形状

PowerPoint 2013 中的形状工具的功能已经比较强大了，通过轮廓、填充、阴影、三维格式、三维旋转等参数的综合设置，可以呈现出各式各样的按钮或者形状效果。但是，对于 PPT 设计的新手来说，设置过程比较烦琐，在此推荐一个快速制作水晶按钮的工具——Crystal Button。下图就是通过此软件快速制作完成的。

水晶按钮的制作步骤如下。

1 启动 Crystal Button 2.8

安装并启动 Crystal Button 2.8，启动后的界面如下图所示。左侧是工具栏，右侧是软件提供的模板，中间是水晶按钮效果预览区域。

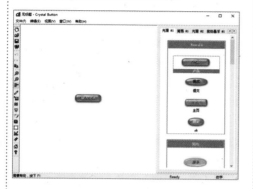

2 选择 1 种模板

在右侧的列表中选择 1 种模板，这里选择【光滑】➢【浅蓝玻璃】➢【是】。

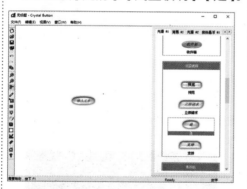

3 设置文字

更改按钮上显示的文字。单击左侧工具栏中的【文字选项】按钮 🖊，在弹出的对话框中设置文字的内容、颜色、字体、字型和大小，如下图所示。

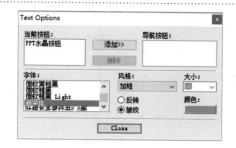

4 设置按钮的大小

设置按钮的大小。单击左侧工具栏中的【图像选项】按钮 🖳，在弹出的对话框中撤选【自动调整大小】复选框，并输入宽度和高度，设置按钮的背景、文字的对齐类型和文字边距后，单击【关闭】按钮。

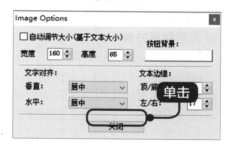

5 设置杂色类型

设置按钮的纹理。单击左侧工具栏中的【纹理选项】按钮 🖾，在弹出对话框中的【艺术化】选项卡中选择一种纹理，并设置杂色类型和不透明度，单击【关闭】按钮。

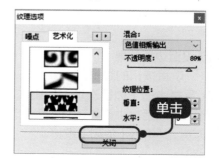

6 设置光照效果

设置按钮的光照效果。单击左侧工具栏中的【灯光选项】按钮，在弹出的对话框中设置灯光的颜色、位置及内部灯光的颜色等，单击【关闭】按钮。

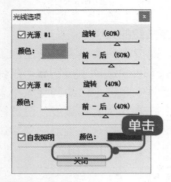

7 设置材质效果

设置按钮的材质效果。单击左侧工具栏中的【材质选项】按钮，在弹出的对话框中设置材质的类型等，若选择【自定义】选项，则需要设置反射颜色、透明度等，设置完成后单击【关闭】按钮。

8 设置边框效果

设置按钮的边框效果。单击左侧工具栏中的【边框选项】按钮，在弹出的对话框中设置边框、形状及宽度等，并单击【关闭】按钮。

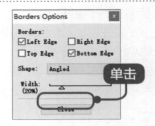

9 设置形状效果

设置按钮的形状效果。单击左侧工具栏中的【形状选项】按钮，在弹出的对话框中选择一种形状，并可以设置水平翻转、垂直翻转和锐化度，设置完成后单击【关闭】按钮。

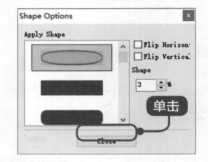

10 设置完成

设置完成后，选择【文件】➤【导出按钮图像】选项，即可将按钮保存为 gif 格式的文件，如图所示。

第 14 章

Office 2013 的协作与保护

本章视频教学时间 / 27 分钟

 重点导读

使用 Office 组件间的共享与协作进行办公，可以发挥 Office 办公软件的最大能力。本章主要介绍 Office 2013 组件共享与协作的相关操作。

学习效果图

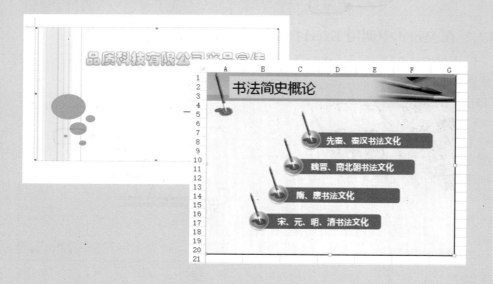

14.1 Word 与 Excel 之间的协作

本节视频教学时间 / 3 分钟

在 Office 系列软件中，Word 与 Excel 之间相互共享及调用信息是比较常用的。

14.1.1 在 Word 中创建 Excel 工作表

在 Word 中可以直接创建 Excel 工作表，这样就可以免去在两个软件间来回切换的麻烦。

1 单击【确定】按钮

单击【插入】选项卡【文本】选项组中的【对象】按钮，弹出【对象】对话框，在【对象类型】列表框中选择【Microsoft Excel 工作表】选项，然后单击【确定】按钮。

2 输入数据

文档中就会出现 Excel 工作表的状态，同时当前窗口最上方显示的是 Excel 软件的功能区，然后直接在工作表中输入需要的数据即可。

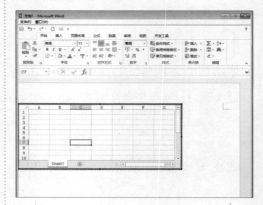

14.1.2 在 Word 中调用 Excel 图表

在 Word 中也可以调用 Excel 工作表或图表编辑数据，调用 Excel 图表的具体操作步骤如下。

1 单击【浏览】按钮

打开 Word 软件，单击【插入】选项卡【文本】选项组中的【对象】按钮，在弹出的【对象】对话框中选择【由文件创建】选项卡，单击【浏览】按钮。

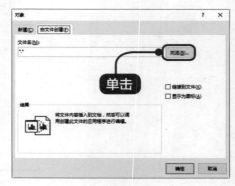

2 单击【插入】按钮

在弹出的【浏览】对话框中选择需要插入的 Excel 文件，这里选择随书光盘中的"素材 \ch14\ 图表 .xlsx"文件，然后单击【插入】按钮。

3 插入 Word 文档

单击【对象】对话框中的【确定】按钮，即可将 Excel 图表插入 Word 文档中。

4 调整图表位置及大小

插入 Excel 图表以后，可以通过工作表四周的控制点调整图表的位置及大小。

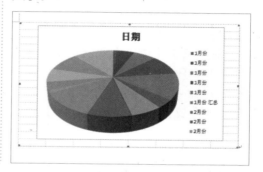

14.2 Word 与 PowerPoint 之间的协作

本节视频教学时间 / 4 分钟

Word 与 PowerPoint 之间的信息共享不是很常用，但偶尔也会需要在 Word 中调用 PowerPoint 演示文稿。

14.2.1 在 Word 中调用 PowerPoint 演示文稿

用户可以将 PowerPoint 演示文稿插入 Word 中编辑和放映，具体的操作步骤如下。

1 单击【浏览】按钮

打开 Word 软件，单击【插入】选项卡【文本】选项组中的【对象】按钮，在弹出的【对象】对话框中选择【由文件创建】选项卡，单击【浏览】按钮。

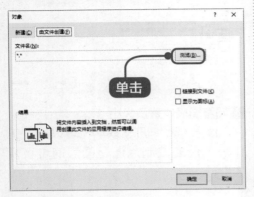

2 单击【插入】按钮

在打开的【浏览】对话框中选择需要插入的 PowerPoint 文件，这里选择随书光盘中的"素材\ch14\产品宣传.pptx"文件，然后单击【插入】按钮。

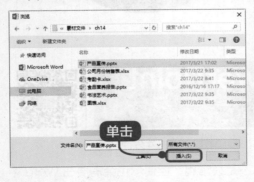

3 插入演示文稿

返回【对象】对话框，单击【确定】按钮，即可在文档中插入所选的演示文稿。

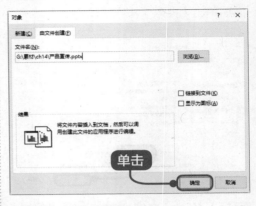

4 调整演示文稿位置

插入 PowerPoint 演示文稿以后，可以通过演示文稿四周的控制点来调整演示文稿的位置及大小，双击插入的演示文稿即可开始放映。

14.2.2 在 Word 中调用单张幻灯片

根据不同的需要，用户可以在 Word 中调用单张幻灯片，具体的操作步骤如下。

1 选择【复制】菜单项

打开随书光盘中的"素材\ch14\产品宣传.pptx"文件，在演示文稿中选择需要插入 Word 中的单张幻灯片，然后单击鼠标右键，在弹出的快捷菜单中选择【复制】菜单项。

选项卡【剪贴板】选项组中的【粘贴】按钮下方的下拉按钮，在下拉菜单中选择【选择性粘贴】菜单项，弹出【选择性粘贴】对话框，单击选中【粘贴】单选项，在【形式】列表框中选择【Microsoft PowerPoint 幻灯片 对象】选项，然后单击【确定】按钮即可。最终效果如下图所示。

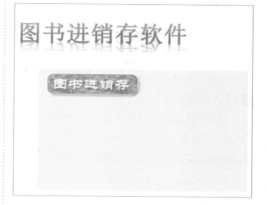

2 单击【确定】按钮

切换到 Word 软件中，单击【开始】

14.3 Excel 与 PowerPoint 之间的协作

本节视频教学时间 / 8 分钟

Excel 与 PowerPoint 之间也存在着信息的共享与调用关系。

14.3.1 在 PowerPoint 中调用 Excel 工作表

用户可以将在 Excel 中制作的工作表调到 PowerPoint 中放映，这样可以为讲解省去很多麻烦。

1 单击【对象】按钮

在打开的演示文稿中，单击【插入】选项卡【文本】选项组中的【对象】按钮。

② 单击【确定】按钮

弹出【插入对象】对话框，选择【新建】选项列【对象类型】列表中的【Microsoft Excel 工作表】选项，然后单击【确定】按钮。

③ 进入编辑状态

返回到演示文稿界面中，即可插入 Excel 工作表并自动进入编辑状态。

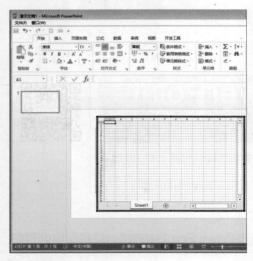

④ 输入数据

在工作表中输入数据，在其他位置处单击，即可完成插入 Excel 工作表的操作。

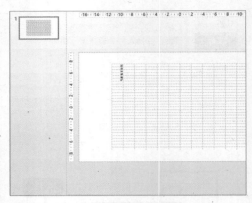

⑤ 单击【确定】按钮

重新调出【插入对象】对话框，选择【由文件创建】选项，单击【浏览】按钮选择随书光盘中的"素材 \ch14\ 考勤卡 .xlsx"然后单击【确定】按钮。

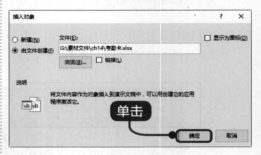

⑥ 插入工作表

返回到演示文稿中，即可看到插入的工作表。

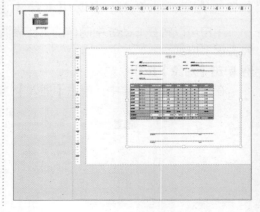

14.3.2 在 PowerPoint 中调用 Excel 图表

用户也可以在 PowerPoint 中播放 Excel 图表，具体的操作步骤如下。

1 打开演示文稿

在打开的演示文稿中，选择【插入】选项卡【文本】选项组中的【对象】按钮。

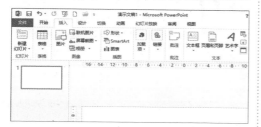

2 单击【确定】按钮

弹出【插入对象】对话框，选择【由文件创建】选项，单击【浏览】按钮选择随书光盘"素材 \ch14\ 公司月份销售表 .xlsx"后单击【确定】按钮。

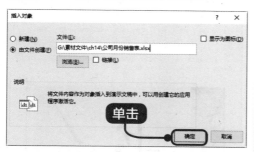

3 调整图表位置和大小

返回到演示文稿中即可看到插入的图表，调整图表至合适位置、合适大小。

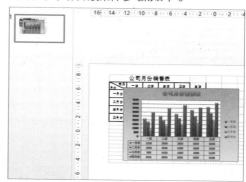

4 放映效果

单击状态栏中的【幻灯片放映】按钮，查看插入图表后的放映效果。

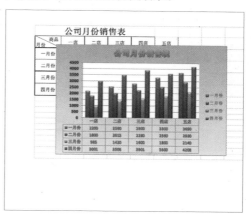

> **提示**
> 如果插入的图表显示不完整，可以双击进入编辑状态调整图表的显示效果。

14.3.3 在 Excel 中调用 PowerPoint 演示文稿

Excel 可以直接调用 PowerPoint 的整个演示文稿，也可以只调用单张幻灯片。

1 打开 Excel 2013

在打开的 Excel 2013 工作表中选择【插入】选项卡【文本】选项组中的【对象】按钮，弹出【对象】对话框。

2 单击【确定】按钮

选择【由文件创建】选项卡，然后单击【浏览】按钮选择随书光盘"素材 \ ch14\ 书法艺术 .pptx"文件。

3 插入幻灯片

单击【确定】按钮，返回到 Excel 工作表中即可看到插入的幻灯片。

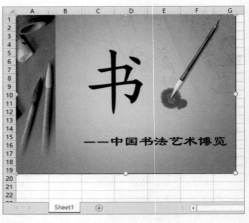

4 选择【编辑】选项

在插入的幻灯片上单击鼠标右键，在弹出的快捷菜单中选择【演示文稿对象编辑】列表中的【编辑】选项，可以进入幻灯片编辑状态。

5 查看幻灯片

拖动向下滚动条，可以查看或编辑其他页幻灯片内容。

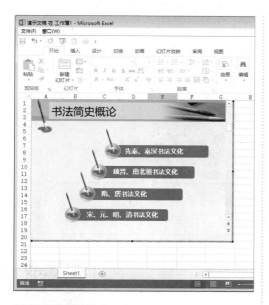

6 退出编辑状态

退出编辑状态，在幻灯片上双击即可开始放映幻灯片。

除了直接调用整个幻灯片外，也可以在 Excel 中调用单张幻灯片。

7 选择【复制】菜单命令

选择要调用的单张幻灯片，单击鼠标右键，在弹出的快捷菜单中选择【复制】菜单命令。

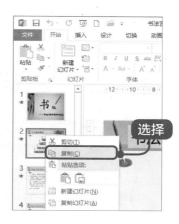

8 选择【选择性粘帖】选项

在 Excel 中选择【开始】选项卡【剪贴板】面板中的【粘帖】按钮，在弹出的列表中选择【选择性粘帖】选项。

9 单击【确定】按钮

弹出【选择性粘贴】对话框，选择【Microsoft PowerPoint 幻灯片对象】选项。

10 插入幻灯片

单击【确定】按钮返回到 Excel 工作表中，即可看到插入的幻灯片。

> **提示**
> 双击插入的幻灯片即可开始放映。

14.4 Office 2013 的保护

本节视频教学时间 / 9 分钟

如果用户不想制作好的文档被别人看到或修改，可以将文档保护起来。常用的保护文档的方法有标记为最终状态、用密码进行加密、限制编辑等。

14.4.1 标记为最终状态

"标记为最终状态"命令可将文档设置为只读，以防止审阅者或读者无意中更改文档。在将文档标记为最终状态后，键入、编辑命令以及校对标记都会禁用或关闭，文档的"状态"属性会设置为"最终"，具体操作步骤如下。

1 打开素材

打开随书光盘中的"素材 \ch14\ 食品营养报告 .pptx"文件。

2 选择【标记为最终状态】选项

单击【文件】选项卡，在打开的列表中选择【信息】选项，在【信息】区域单击【保护演示文稿】按钮，在弹出的下拉菜单中选择【标记为最终状态】选项。

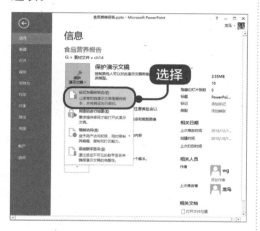

3 单击【确定】按钮

弹出【Microsoft PowerPoint】对话框，提示该文档将被标记为终稿并被保存，单击【确定】按钮。

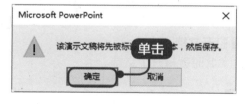

4 单击【确定】按钮

再次弹出【Microsoft PowerPoint】提示框，单击【确定】按钮。

5 返回 PowerPoint 页面

返回 PowerPoint 页面，该文档即被标记为最终状态，以只读形式显示。

> 📢 **提示**
>
> 单击页面上方的【仍然编辑】按钮，可以对文档进行编辑。

14.4.2 用密码进行加密

在 Microsoft Office 中，可以使用密码阻止其他人打开或修改文档、工作簿和演示文稿。用密码加密的具体操作步骤如下。

1 选择【用密码进行加密】选项

打开随书光盘中的"素材 \ch14\ 食品营养报告 .pptx"文件，单击【文件】选项卡，在打开的列表中选择【信息】选项，在【信息】区域单击【保护演示文稿】按钮，在弹出的下拉菜单中选择【用密码进行加密】选项。

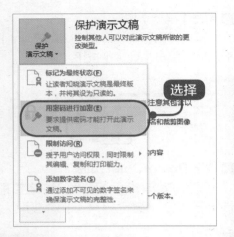

② 设置密码

弹出【加密文档】对话框，输入密码，这里设置密码为"123456"，单击【确定】按钮。

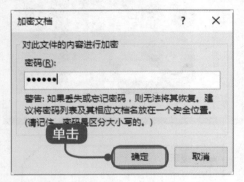

③ 再次输入密码

弹出【确认密码】对话框，再次输入密码，单击【确定】按钮。

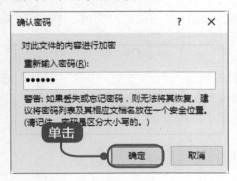

④ 对文档加密

此时就为文档使用密码进行了加密。在【信息】区域内显示已加密。

⑤ 单击【确定】按钮

再次打开文档时，将弹出【密码】对话框，输入密码后单击【确定】按钮。

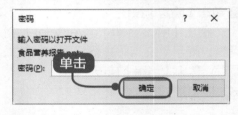

⑥ 打开文档

此时就打开了文档。

14.4.3 限制编辑

限制编辑是指控制其他人可对文档进行哪些类型的更改。限制编辑提供了三种选项：格式设置限制可以有选择地限制格式编辑选项，用户可以单击其下方的"设置"进行格式选项自定义；编辑限制可以有选择地限制文档编辑类型，包括"修订""批注""填写窗体"以及"不允许任何更改（只读）"；启动强制保护可以通过密码保护或用户身份验证的方式保护文档，此功能需要信息权限管理（IRM）的支持。为文档添加限制编辑的具体操作步骤如下。

1 选择【限制编辑】选项

打开随书光盘中的"素材 \ch14\ 招聘启事 .docx"文件，单击【文件】选项卡，在打开的列表中选择【信息】选项，在【信息】区域单击【保护文档】按钮，在弹出的下拉菜单中选择【限制编辑】选项。

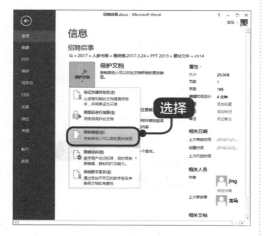

2 选择【不允许任何更改（只读）】选项

在文档的右侧弹出【限制编辑】窗格，单击选中【仅允许在文档中进行此类型的编辑】复选框，单击【不允许任何更改（只读）】文本框右侧的下拉按钮，在弹出的下拉列表中选择允许修改的类型，这里选择【不允许任何更改（只读）】选项。

3 单击【是，启动强制保护】按钮

单击【限制编辑】窗格中的【是，启动强制保护】按钮。

4 选中【密码】单选项

弹出【启动强制保护】对话框，在对话框中单击选中【密码】单选项，输入新密码及确认新密码，单击【确定】按钮。

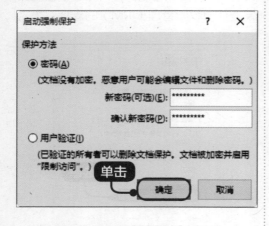

> **提示**
> 如果单击选中【用户验证】单选项，已验证的所有者可以删除文档保护。

5 添加限制编辑

此时就为文档添加了限制编辑。当阅读者想要修改文档时，在文档下方显示【由于所选内容已被锁定，您无法进

行此更改】字样。

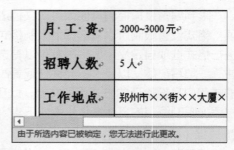

月·工·资	2000~3000 元
招聘人数	5 人
工作地点	郑州市××街××大厦×

由于所选内容已被锁定，您无法进行此更改。

6 单击【停止保护】按钮

如果用户想要取消限制编辑，在【限制编辑】窗格中单击【停止保护】按钮即可。

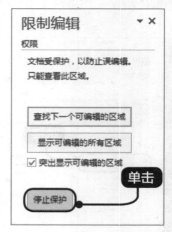

14.4.4 限制访问

限制访问是指通过使用 Microsoft Office 2013 中提供的信息权限管理（IRM）来限制对文档、工作簿和演示文稿中的内容的访问权限，同时限制其编辑、复制和打印能力。用户通过对文档、工作簿、演示文稿和电子邮件等设置访问权限，可以防止未经授权的用户打印、转发和复制敏感信息，以保证文档、工作簿、演示文稿等的安全。

设置限制访问的方法是：单击【文件】选项卡，在打开的列表中选择【信息】选项，在【信息】区域单击【保护文档】按钮，在弹出的下拉菜单中选择【限制访问】选项。

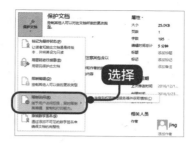

14.4.5 数字签名

数字签名是电子邮件、宏或电子文档等数字信息上的一种经过加密的电子身份验证戳，用于确认宏或文档来自数字签名本人且未经更改。添加数字签名可以确保文档的完整性，从而进一步保证文档的安全。用户可以在 Microsoft 官网上获得数字签名。

添加数字签名的方法是：单击【文件】选项卡，在打开的列表中选择【信息】选项，在【信息】区域单击【保护文档】按钮，在弹出的下拉菜单中选择【添加数字签名】选项。

技巧 • **取消文档保护**

用户对 Office 文件设置保护后，还可以取消保护。取消保护包括取消文件最终标记状态、删除密码等。

1. 取消文件最终标记状态

取消文件最终标记状态的方法是：打开标记为最终状态的文档，单击【文件】选项卡，在打开的列表中选择【信息】选项，在【信息】区域单击【保护演示文稿】按钮，在弹出的下拉菜单中选择【标记为最终状态】选项即可取消最终标记状态。

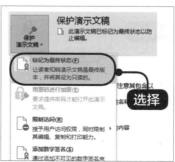

2. 删除密码

对 Office 文件使用密码加密后还可以删除密码，具体操作步骤如下。

1 单击【浏览】按钮

打开设置密码的文档。单击【文件】选项卡，在打开的列表中选择【另存为】选项，在【另存为】区域选择【计算机】选项，然后单击【浏览】按钮。

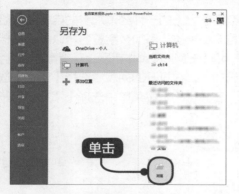

2 选择【常规选项】选项

打开【另存为】对话框，选择文件的另存位置，单击【另存为】对话框下方的【工具】按钮，在弹出的下拉列表中选择【常规选项】选项。

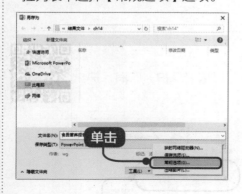

3 单击【确定】按钮

打开【常规选项】对话框，在该对话框中显示了打开文件时的密码，删除密码，单击【确定】按钮。

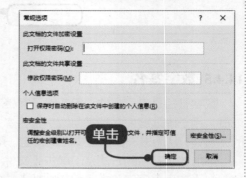

4 单击【保存】按钮

返回【另存为】对话框，单击【保存】按钮。另存后的文档就已经删除了密码。

> **提示**
>
> 用户也可以再次选择【保护文档】中【用密码加密】选项，在弹出的【加密文档】对话框中删除密码，单击【确定】按钮即可删除文档设定的密码。

第 15 章

Office 跨平台应用——
使用手机移动办公

本章视频教学时间 / 19 分钟

重点导读

掌握将办公文件传入到移动设备中的方法，学会使用不同的移动设备协助办公。

学习效果图

15.1 移动办公概述

本节视频教学时间 / 4分钟

"移动办公"也可以称作为"3A办公",即任何时间(Anytime)、任何地点(Anywhere)和任何事情(Anything)。这种全新的办公模式,可以让办公人员摆脱时间和地点的束缚,利用手机和电脑互联互通的企业软件应用系统,随时随地进行随身化的公司管理和沟通,大大提高了工作效率。

移动办公使得工作更简单,更节省时间,只需要一部智能手机或者平板电脑就可以随时随地进行办公。

无论是智能手机,还是笔记本电脑,或者平板电脑等,只要支持办公可使用的操作软件,均可以实现移动办公。

首先,了解一下移动办公的优势都有哪些。

1. 操作便利简单

移动办公不需要电脑,只需要一部智能手机或者平板电脑,便于携带,操作简单,也不用拘泥于办公室里,即使下班也可以方便地处理一些紧急事务。

2. 处理事务高效快捷

使用移动办公,办公人员无论出差在外,还是正在上班的路上甚至是休假时间,都可以及时审批公文,浏览公告,处理个人事务等。这种办公模式将许多不可利用的时间有效利用起来,不知不觉中就提高了工作效率。

3. 功能强大且灵活

由于移动信息产品发展得很快,以及移动通信网络的日益优化,所以很多要在电脑上处理的工作都可以通过移动办公的手机终端来完成,移动办公的功能堪比电脑办公。同时,针对不同行业领域的业务需求,可以对移动办公进行专业的定制开发,可以灵活多变地根据自身需求自由设计移动办公的功能。

移动办公通过多种接入方式与企业的各种应用进行连接,将办公的范围无限扩大,真正地实现了移动办公模式。移动办公的优势是可以帮助企业提高员工的办事效率,还能帮助企业从根本上降低营运的成本,进一步推动企业的发展。

能够实现移动办公的设备必须具有以下几点特征。

1. 完美的便携性

移动办公设备如手机,平板电脑和笔记本(包括超级本)等均适合用于移动办公,由于设备较小,便于携带,打破了空间的局限性,不用一直呆在办公室里,在家里,在车上都可以办公。

2. 系统支持

要想实现移动办公,必须具有办公软件所使用的操作系统,如 iOS 操作系统、

Windows Mobile 操作系统、Linux 操作系统、Android 操作系统和 BlackBerry 操作系统等具有扩展功能的系统设备。现在流行的苹果手机、三星智能手机、iPad 平板电脑以及超级本等都可以实现移动办公。

3. 网络支持

很多工作都需要在连接有网络的情况下进行，如将办公文件传递给朋友、同事或上司等，所以网络的支持必不可少。目前最常用的网络有 2G 网络、3G 网络及 Wi-Fi 无线网络等。

15.2 将办公文件传输到移动设备

本节视频教学时间 / 4 分钟

将办公文件传输到移动设备中，方便携带，还可以随时随地进行办公。

1. 将移动设备作为 U 盘传输办公文件

可以将移动设备以 U 盘的形式使用数据线连接至电脑 USB 接口，此时，双击电脑桌面中的【此电脑】图标，打开【此电脑】对话框。双击手机图标，打开手机存储设备，然后将文件复制并粘贴至该手机内存设备中即可。下图所示为识别的 iPhone 图标。安卓设备与 iOS 设备操作类似。

2. 借助同步软件

通过数据线或者借由 Wi-Fi 网络，在电脑中安装同步软件，然后将电脑中的数据下载至手机中，安卓设备主要借用

360 手机助手等，iOS 设备使用 iTunes 软件实现。如下图所示为使用 360 手机助手连接至手机后，直接将文件拖入【发送文件】文本框中即可实现文件传输。

3. 使用 QQ 传输文件

在移动设备和电脑中登录同一 QQ 账号，在 QQ 主界面【我的设备】中双击识别的移动设备，在打开的窗口中可直接将文件拖曳至窗口中，实现将办公

文件传输到移动设备。

4. 将文档备份到 OneDrive

用户可以直接将办公文件存放至【OneDrive】窗口实现文档的传输，下面就来介绍将文档上传至 OneDrive 的操作。

1 打开【OneDrive】窗口

在【此电脑】窗口中选择【OneDrive】选项，或者在任务栏的【OneDrive】图标上单击鼠标右键，在弹出的快捷菜单中选择【打开你的 OneDrive 文件夹】选项。都可以打开【OneDrive】窗口。

2 选择要上传的文档

选择要上传的文档"工作报

告.docx"文件，将其复制并粘贴至【文档】文件夹或者直接拖曳文件至【文档】文件夹中。

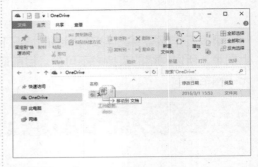

3 刷新图标

在【文档】文件夹图标上即显示刷新图标。表明文档正在同步。

4 看上载的文件

上载完成，即可在打开的文件夹中看到上载的文件。

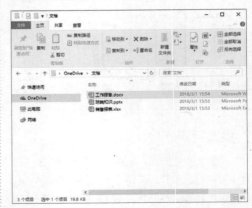

⑤ 选择【文件】选项

在手机中下载并登录 OneDrive，金科进入 OneDrive 界面，选择要查看的文件，这里选择【文件】选项。

⑥ 显示内容

即可看到 OneDrive 中的文件，选择【文档】文件夹。即可显示所有的内容。

15.3 使用移动设备修改文档

本节视频教学时间 / 3 分钟

移动信息产品的快速发展，移动通信网络的普及，只需要一部智能手机或者平板电脑就可以随时随地进行办公，使得工作更简单、更方便。

微软推出了支持 Android 手机、iPhone、iPad 以及 Windows Phone 上运行的 Microsoft Word、Microsoft Excel 和 Microsoft PowerPoint 组件，用户需要选择适合自己手机或平板的组件即可编辑文档。

本节以支持 Android 手机的 Microsoft Word 为例，介绍如何在手机上修改 Word 文档。

① 打开素材

下载并安装 Microsoft Word 软件。将随书光盘中的"素材 \ch15\ 工作报告 .docx"文档存入电脑的 OneDrive 文件夹中，同步完成后，在手机中使用同一账号登录并打开 OneDrive，找到并单击"工作报告 .docx"文档存储的位置，即可使用 Microsoft Word 打开该文档。

② 单击【倾斜】按钮

打开文档，单击界面上方的█按钮，全屏显示文档，然后单击【编辑】按钮▲，进入文档编辑状态，选择标题文本，单击【开始】面板中的【倾斜】按钮，使标题以斜体显示。

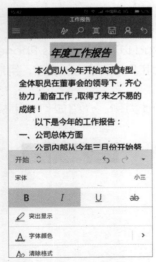

③ 添加底纹

单击【突出显示】按钮，可自动为标题添加底纹，突出显示标题。

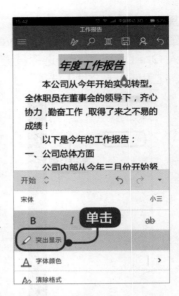

④ 单击【表格】按钮

单击【开始】面板，在打开的列表中选择【插入】选项，切换至【插入】面板。此外，用户还可以打开【布局】、【审阅】以及【视图】面板进行操作。进入【插入】面板后，选择要插入表格的位置，单击【表格】按钮。

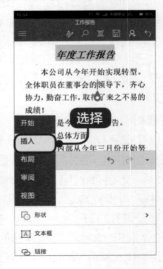

5 输入表格内容

完成表格的插入，单击 ▾ 按钮，隐藏【插入】面板，选择插入的表格，在弹出的输入面板中输入表格内容。

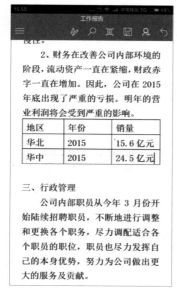

7 单击【保存】按钮

即可看到设置表格样式后的效果，编辑完成，单击【保存】按钮即可完成文档的修改。

6 选择表格样式

再次单击【编辑】按钮，进入编辑状态，选择【表格样式】选项，在弹出的【表格样式】列表中选择一种表格样式。

15.4 使用移动设备制作销售报表

本节视频教学时间 / 3 分钟

本节以支持 Android 手机的 Microsoft Excel 为例，介绍如何在手机上制作销售报表。

1 单击【插入函数】按钮

下载并安装 Microsoft Excel 软件，将"素材 \ch29\ 销售报表 .xlsx"文档存入电脑的 OneDrive 文件夹中，同步完成后，在手机中使用同一账号登录并打开 OneDrive，单击"销售报表 .xlsx"文档，即可使用 Microsoft Excel 打开该工作簿，选择 D3 单元格，单击【插入函数】按钮 fx，输入"="，然后将选择函数面板折叠。

2 按【C3】单元格

按【C3】单元格，并输入"*"，然后再按【B3】单元格，单击 按钮，即可得出计算结果。使用同样的方法计算其他单元格中的结果。

③ 单击【编辑】按钮

选中 E3 单元格，单击【编辑】按钮 ，在打开的面板中选择【公式】面板，选择【自动求和】公式，并选择要计算的单元格区域，单击█按钮，即可得出总销售额。

插入的图表类型和样式，即可插入图表。

⑤ 调整图表位置和大小

如下图即可看到插入的图表，用户可以根据需求调整图表的位置和大小。

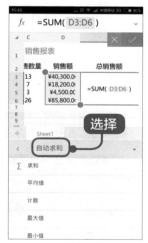

④ 插入图表

选择任意一个单元格，单击【编辑】按钮 。在底部弹出的功能区选择【插入】▶【图表】▶【柱形图】按钮，选择

15.5 使用移动设备制作 PPT

本节视频教学时间 / 3 分钟

本节以支持 Android 手机的 Microsoft PowerPoint 为例，介绍如何在手机上创建并编辑 PPT。

1 选择【离子】选项

打开 Microsoft PowerPoint 软件，进入其主界面，单击顶部的【新建】按钮。进入【新建】页面，可以根据需要创建空白演示文稿，也可以选择下方的模板创建新演示文稿。这里选择【离子】选项。

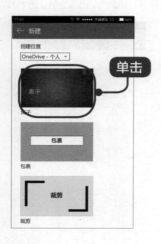

2 输入相关内容

即可开始下载模板，下载完成，将自动创建一个空白演示文稿。然后根据需要在标题文本占位符中输入相关内容。

3 设置对齐方式

单击【编辑】按钮，进入文档编辑状态，在【开始】面板中设置副标题的字体大小，并将其设置为右对齐。

4 新建幻灯片

单击屏幕右下方的【新建】按钮 ⊞，新建幻灯片页面，然后删除其中的文本占位符。

5 单击【图片】选项

再次单击【编辑】按钮 ，进入文档编辑状态，选择【插入】选项，打开【插入】面板，单击【图片】选项，选择图片存储的位置并选择图片。

6 编辑图片

即可完成图片的插入，在打开的【图片】面板中可以对图片进行样式、裁剪、旋转以及移动等编辑操作，编辑完成，即可看到编辑图片后的效果。

及放映等操作，与在电脑中使用 Office
办公软件类似，这里不再详细赘述，制
作完成之后，单击【菜单】按钮▤，并
单击【保存】选项，在【保存】界面单
击【重命名此文件】选项，并设置名称
为"销售报告"，就完成了 PPT 的保存。

7 单击【重命名此文件】选项

使用同样的方法还可以在 PPT 中插
入其他的文字、表格、设置切换效果以

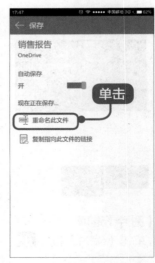

技巧 ● **使用邮箱发送办公文档**

　　使用手机，平板电脑可以将编辑好的文档发送给领导或者好友，这里以手机发送 PowerPoint 演示文稿为例进行介绍。

1 单击【共享】选项

　　工作簿制作完成之后，单击【菜单】按钮，并单击【共享】选项。

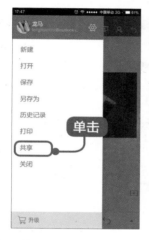

2 选择【作为附件共享】选项

　　在打开的【共享】选择界面选择【作为附件共享】选项。

3 选择【演示文稿】选项

　　打开【作为附件共享】界面，选择【演示文稿】选项。

4 选择【电子邮件】选项

　　在打开的选择界面选择共享方式，这里选择【电子邮件】选项。

5 **单击【发送】按钮**

在【电子邮件】窗口中输入收件人的邮箱地址，并输入邮件正文内容，单击【发送】按钮，即可将办公文档以附件的形式发送给他人。